潜 

「潜能开发实操训练」

毅凯 / 著

中国财富出版社

图书在版编目（CIP）数据

潜能：潜能开发实操训练 / 毅凯著．—北京：中国财富出版社，2015.7
ISBN 978 - 7 - 5047 - 5809 - 5

Ⅰ.①潜…　Ⅱ.①毅…　Ⅲ.①潜能—通俗读物　Ⅳ.①B848.5 - 49

中国版本图书馆 CIP 数据核字（2015）第 166728 号

策划编辑　范虹轶　　**责任编辑**　邢有涛　单元花
责任印制　方朋远　　**责任校对**　梁　凡　　**责任发行**　邢有涛

出版发行　中国财富出版社
社　　址　北京市丰台区南四环西路 188 号 5 区 20 楼　　**邮政编码**　100070
电　　话　010 - 52227568（发行部）　　010 - 52227588 转 307（总编室）
　　　　　　010 - 68589540（读者服务部）　010 - 52227588 转 305（质检部）
网　　址　http://www.cfpress.com.cn
经　　销　新华书店
印　　刷　北京京都六环印刷厂
书　　号　ISBN 978 - 7 - 5047 - 5809 - 5/B · 0453
开　　本　710mm × 1000mm　1/16　　**版　　次**　2015 年 7 月第 1 版
印　　张　13.75　　**印　　次**　2015 年 7 月第 1 次印刷
字　　数　211 千字　　**定　　价**　35.00 元

前　言

潜能就是潜在的能量。

在自然界中，能量既不会凭空产生，也不会凭空消失，只是从一种形式转化为另一种形式，或是从一个物体传递到另一个物体上。无论何种形式的转化，能量都是不会损失的。它通常会平静地依附在某种事物上，往往在紧急时刻才会表现出来。比如，有的人在遇到危险、拼命逃跑的时候，就能越过四米宽的障碍，而这是在安逸的环境中所不能达到的。

我们可以发现，在人类深藏的巨大潜能中，其作用是多么神奇：渴望的力量；专注的力量；知觉的力量；坚持的力量；信仰的力量；乐观的力量；选择的力量；想象的力量；决心的力量；给予的力量；学习的力量；思考的力量；意志的力量；爱的力量……

这些我们经常利用的力量就像一块块砖块，帮助我们打造了一个个能够彰显自己风采的人生。这些力量让我们能够深思、反省、想象，当然，更重要的是创造。这些高层力量的发挥，让我们能真正认识到生存的目的，并在此过程中找到生命的最大价值。

每个人都是自己命运的主宰者，幸福人生的创造者。令人感到遗憾的是，许多人任生命中的潜能闲荡；但从不向命运低头的人却不，他们要重掌能力，及时扭转人生。如果我们不立即采取行动，培养出超凡的才智，那么在竞争日趋激烈的“弱肉强食”的社会环境中就无法生存。未能及时磨砺和开发自我潜能的人，等待他的命运就会和濒临灭绝的恐龙一样。

这个世界中所有的事物之间都有着神秘且规律的联系，彼此都不是孤立存在的。作为万物之灵的我们，有着最高的智慧，所以我们一定要挖掘出自身的潜能，并很好地利用它，如此一来，我们才能对自己的一生有更清醒的认识，才能真正意识到自己的自由意志和巨大能量。

为什么比尔·盖茨、杰克·韦尔奇、马云能够取得显赫的成就？因为他们都能够充分地相信自己，相信潜能的力量。

为了让深藏在我们身上的潜能爆发出来，翻开这本书吧！生动有趣的经典案例，将为你打开潜能这扇神秘的大门；缜密严谨的理论分析，将给你关于潜能最准确的定义和解析；简单明了的方法，将帮助你挖掘自身的潜能，让你在阅读的过程中不知不觉地引爆自己的潜能！

作　者

2015 年 3 月

目录
CONTENTS

第一章

打开通往潜能的大门

科学家的研究证实：人平常只发挥了1/10的能力，甚至还不到1/10。如果人类能发挥大脑1/2的潜能，将能轻易地学会40种语言、背诵整本百科全书、拿到12个博士学位。每个人身上都蕴藏着巨大的潜能，只要发挥出来，哪怕是一个平凡的人，也能成就一番伟业。所以，从现在开始，我们要挖掘自己身上的宝藏，使自己变得更优秀、更与众不同，使自己的人生更加丰富多彩。

我们有巨大的潜能，自己却不知道

人生就像一个大舞台，而我们便是这场演出的主角。能否演绎出精彩的剧目，完全取决于你能否发现并释放出自身的潜能。潜能就像阳光一样，能够帮助我们打造出一个充满活力的绚丽人生。无论是谁，只有充分释放自身的潜能，找到自己的“天赋”所在，便能实现生命的意义，获得梦寐以求的成功。

潜能就像一个大宝藏，包含着真正的智慧。只要你能够将这种智慧挖掘出来，那么，理想便能很容易地变为现实。因此，要想获得成功、拥抱胜利，就应该尽可能地去挖掘自己的宝藏，然后，更加有效地利用它们，从而使自己的人生变得多姿多彩。那么，追求梦想、渴望成功的你，发现自身的宝藏了吗？

从前，有一个农夫，他有一块非常肥沃的土地。多年来，靠着自己的辛勤耕作，日子过得十分舒服。有一天，他无意中得到一条信息——如果能找到一块埋有宝藏的土地，只要抓一把就可以令自己变得非常富有。农夫顿时心动了，心想：我要是拥有一块这样的土地，就什么都不用干了。于是，他卖掉了自己的土地，离开家园，开始了所谓的寻宝之旅。

但是，事与愿违，农夫一直走到遥远的异国他乡也没有找到什么宝藏。就这样，15 年过去了，农夫变得一贫如洗，最终他在绝望中死去了。而那个买下农夫土地的人，通过 15 年的辛勤劳作，积累了很多很多的财富，这片土地也变得相当肥沃。

农夫为了寻找宝藏而舍弃土地出走远方，最后客死他乡，而这块土地的新主人却充分发掘土地所蕴含的能量，收获了累累果实，积累了很多的财富。

这个故事告诉我们这样一个道理：与其千辛万苦地寻找所谓的宝藏，不如好好挖掘自身的宝藏，也许这样会更快地实现我们的目标。

英国散文家托马斯·卡莱尔曾经说过："发现自己天赋所在的人是幸运的，他不再需要其他的福佑。他有了自己命定的职业，也就有了一生的归宿。他找到了自己的目标，并将执着地追寻这一目标，奋力向前。"而一个人一旦丢掉属于自己的东西，就如同失去了宝藏。在这个世界上，每个人都有自己独特的个性，每个人都拥有独特的天赋。这种天赋就像一座等待我们去开采的宝藏，它悄悄地藏在我们生命的某个地方。一个人是否能够挖掘出这座宝藏，取决于他能否踏踏实实地学习、兢兢业业地工作，并充分发挥自己的长处，从而将自己的人生经营得多姿多彩。

小马是一个只有初中学历的年轻人，由于学历低，又没有很好的家庭背景，毕业后，他只能在一家小公司里从事打扫厕所的工作。他每天除了上班，生活中几乎没有别的内容，他只与有限的几个朋友来往，认定了自己的生活也只能如此了。直到有一天，他家隔壁搬来了一位老人。这位老人自称能够预知未来，并且也知道别人的前世。每天上下班时，年轻人经常会碰见老人并和他开心地聊几句。

有一天，老人坐到小马旁边对他说，他感觉到了小马的前世是拿破仑，是历史上最伟大的政治家和军事家。拿破仑虽然出身卑微，却通过勤奋和努力从科西嘉岛的平民成为法国陆军的军官，最终成为法兰西帝国的统治者。老人断定，小马以后也会像拿破仑那样能干，会取得很多意想不到的成功。

小马认为老人在拿他寻开心，但是，他的心里却产生了一种从未有过的自豪感，从此，小马对拿破仑产生了浓厚的兴趣，他开始想方设法地获得与拿破仑有关的一切书籍来阅读，他开始了解拿破仑的生活以及他的领导才能。慢慢地他发现，自己身上好像也蕴藏着同样的潜能。

这个发现给了他很大的自信，他再也不像以前那样“混日子”了。对于工作，他充满了激情，并给周围的人留下了非常好的印象。

后来，他主动请求掉换自己的工作，希望去做一些他原来想都没有想过的工作。公司领导感觉到他不再是以前那个平庸的员工了，于是便交给他一些具有挑战性的工作。每次他都能够全身心地投入到工作中去，然后出色地完成任务。为了更好地完成自己的工作，小马经常利用业余时间学习一些与工作相关的业务知识。随着时间的推移，他的专业知识越来越多，工作经验也越来越丰富。由于他能力的不断提升，公司多次提拔他。

经过几年的发展，现在的小马已经彻底变成了一个果敢、自信的管理者，并成为行业的佼佼者。他的人生经历也被经常拿来激励那些普通员工。

小马周围的人都说，他之所以能够取得今天的成就，可能他真的是拿破仑转世了，但只有他自己知道其中真正的原因。他现在已经不再关心自己是不是真的拿破仑转世，而只在乎怎样才能更好地挖掘自身的潜能。因为他明白，只有把自身各种积极的力量全部调动起来，他才能获得更大的成功。

其实，每个人都是完全独立的个体，都有着与众不同的地方，每个人的身上都蕴藏着一种不为人知的特殊才能，等待着被唤醒。只有将这位沉睡的巨人唤醒，我们才可能得到无穷的力量，克服所遇到的任何困难，从而创造人生的种种奇迹。

事实上，充分挖掘自身的宝藏，释放自身的潜能也是实现生命价值的一种。因为只有这样，我们才能将人生这出剧演绎得更加精彩。因此，每一个想要创造辉煌人生的人，都应该相信自己的能力，积极地开发自身的潜能，唯有如此，才能走出一条真正属于自己的成功之路。

优秀和平庸的差距有多大

众所周知，在现实生活中，存在着两种人：一种是优秀的人，这种人目标明确，精力充沛，每天有目的地工作着，在不断地努力中收获着自己想要的一切。另一种是平庸的人，他们没有太大的理想，每天忙忙碌碌却不知为了什么。在他们的内心深处，缺乏干大事的想法和勇气。不求大富大贵，但求平平安安，是他们的真实写照。

优秀的人为什么优秀？平庸的人又为何平庸？他们之间的差距到底有多大呢？其实，优秀的人和平庸的人之间并没有多大的差距，重要的区别就是他们能否唤醒自己生命的潜能。平凡的人之所以平凡，是因为他们没有发现自身沉睡着的“潜能库”，不能把潜能唤醒，从而失去了自己也能成为英雄豪杰的信心，而安于平凡的生活之中。优秀的人之所以取得成功，只是因为他们发现了自己的“潜能库”。人脑的潜能是无限的，就算是众多取得伟大成就的成功人士，如爱因斯坦、牛顿等人，他们的大脑潜能也不过只开发了10%。而平常人所能利用到的大脑潜能，则更是少之又少。

菊萍是一名优秀的化妆品销售人员。但就是这样一个优秀的销售人员，竟然是在自己44岁时才开始对自己充满信心的，也正是从那个时候开始，她才真正地找到自我，真切地感受到了自己的价值。

菊萍23岁结婚，一直在家里做了21年的家庭主妇。当她的孩子上大学时，她已经44岁了。她的丈夫由于工作的关系需要经常出差，她很快就觉得生活有些无聊，有时甚至觉得很沮丧。于是，菊萍决定找份工作。然而她除了会做家务，没有其他别的工作技能，所以，在她开始找工作的第一个月里，她一个工作机会也没有得到。一天中午，在经过一次不太成功的面试后，她到一家餐厅用午餐。穿过大厅门廊时，她注意到一张牌子上写着：“如何从化妆品中致富免费研讨会，下午三点在紫阳大厅举行。”于是菊萍决定去看看。在接下来一个小时的研讨会中，菊萍发现了自己的潜能所在。由于自己在家使用各种化妆品进行皮肤的保养，所以对化妆品非常熟悉。她对自己很有信心，深信自己可以将这些化妆品销售给她的客户。果然，菊萍凭着对化妆品的了解和热情，顺利地被一个化妆品公司录用了，并且在公司里工作得十分出色。没多久，她的朋友也加入到这一行中来，并且在菊萍的帮助下相继得到了晋升。

当别人问及她为什么出来工作、为什么选择这个行业时，她是这样回答的：“我喜欢这个行业。做了21年的家庭主妇后，我开始想，难道我所能做的只有这些事吗？于是我想试着去做做别的工作。现在我已经证明自己可以把我所选择的工作做好，为此我的自信心也大大地提高了。我喜欢现在的自己，并且对自己能帮助其他朋友，让她们也发现自己潜在的能力而感到兴奋不已。”

优秀的人之所以能够优于平庸的人，在自己的人生和事业上取得非凡的成就，是因为他们发现了自己的潜能所在，从而给自己一个准确的定位，然后付诸行动，不断地改进和完善自己，使自己更加积极向上、充满活力，从而获得了最后的成功。

成功的关键在于释放内在的潜能

“为什么成功的总是别人？”看着身边那些风度翩翩、事业有成的人，华松心里酸溜溜地问道。华松，名牌大学毕业，就职于一家很不错的外贸公司，尽管工作踏实努力，但仍引不起其他同事的注意。这么多年过去了，他的那些同学不是CEO（首席执行官）便是高级工程师，过着家庭事业双丰收的美好生活，而他依然只是这个公司的小职员，拿着饿不死人的工资，买不起房，结不起婚，甚至当初能力不及他的一个同学都已经被提拔到管理层了。这一切都让华松的心理严重失衡。他不是没有能力，别人能做到的事情他自己也能做到，也不是像个二愣子似的不懂得为人处世，待人接物更不会偷奸耍滑，一向勤奋好学——为什么他就成功不了呢？

渴望成功的你是不是也像华松一样，无论怎样，成功总是迟迟不肯大驾光临？总觉得机遇对自己很吝啬，从来不光顾自己。自己的舞台总是太小，一生一世，我们被安排在无限时空的一个小小的坐标点上，穷尽自己的目力与脚力，也不可能抓住成功——成功对我们而言真的这么难吗？其实，是你没挖掘出自己的潜力来推动自己成功。

天才并非天生的，而是缘于后天开发了潜能。德国就有这样一位后天神童——14 岁的哲学博士卡尔·威特。

事实上，小威特不但不聪明，而且还先天不足，很多人认为他是一个白痴。然而他的父亲老威特却不这样认为，他说："我认为最重要的是教育，而不是什么天赋。孩子是白痴还是天才，关键在于能否通过后天教育开发出他的潜能。一旦开发出孩子的潜能，他一定会成为一个非凡的人。"就这样，老威特买来一些小人书和画册，耐心地把十分有趣的故事讲给小威特听，从而唤起他对知识的渴求。每当小威特听得津津有味时，老威特便停住，对孩子说："看，我太忙了，需要去工作挣钱养家呀，没有很多时间去给你讲故事了。"

这样，就激发了小威特一定要识字的愿望，他知道，如果自己能认识许许多多的字，就会知道许许多多的故事。所以，他学习得非常刻苦。

小威特到了 8 岁的时候，已经能够自由运用德语、法语、拉丁语等 6 国语言，而且还通晓物理、化学，尤其擅长数学。9 岁时，他考入了莱比锡大学。

14 岁时，小威特被授予哲学博士学位。两年之后，又获得法学博士学位，并被任命为柏林大学的法学教授。23 岁，他发表了《但丁的误解》一书，成为研究但丁的权威，还创作了不少优秀诗歌和其他文学作品，成了一位名副其实的天才。

人生而平等，为什么创造力会有大小之分，人生会有成功与失败之分呢？一方面是客观环境的原因，另一方面是人本身的原因。然而不论内因还是外因，关键就在于天赋与潜能是否被充分地开发和释放。因此，从这个意义上说，成功学就是一门开发潜能、应用潜能的学问。

我们不禁要问，怎样才能充分发挥自己的潜能从而获得更大的成就呢？

1. 会失败只是因为你告诉自己失败了

失败是你自己告诉自己失败了。一定要明白的是，没有任何一个人能决定你是失败或成功，贴标签的只能是自己。

2. 专注才能成功

在最困难的时候，专注于解决困难的你可以最大限度地激发自己的潜能，这样无疑也可以让自己成功；一定要相信自己：未来不管发生任何事情，你都可以找到解决的方法。

3. 懂得危机处理

人生并不总是一帆风顺的。当你朝着目标前进的时候，遇到困难在所难免，这时处理问题的能力显得十分重要，这也就是我们通常所说的危机处理。在面对所遇到的这些困难时，注意力80%放在方法上，20%放在问题上。如此一来，我们不妨问问自己：我要怎样做才能改变这件事。我如果能改变他，有没有最快的方法。可能我们都有这样的体验，解决问题会让人很有成就感。有时候，挫折与困难反而能让我们更快地拥抱成功。

享受激情的魔力，发挥自己的潜力

每个人都有很多的激情。人类本质的复杂性使得我们与生俱来有一种激情的种子，虽然只有某种激情对我们具有较重大的意义，我们也不会因为拥有某类激情，就把另一种激情排斥在外。我们可以同时或选择性地追求激情，就看哪种形式最适合我们的个性了。我们都可以享受激情的魔力并且发挥自己的潜力，实现自我成就。只要你愿意参照以下步骤去做：

1. 从内心出发

迈出第一小步总是最难的。坦承和接受内心——最大力量的来源，也是最大的弱点——是改善生活的钥匙，但做起来并不容易。从小接受的教育让我们认为，力量来自于智慧而非感情。要从内心出发，我们必须先克服对感情和欲望的成见，并且肯定它们具有无比的威力。我们必须跨越自己所画的框框，如恐惧、怀疑、不安全感，放手去拥抱我们的潜能。

2. 发掘激情

发掘激情，包括接触可以激发激情的事物，辨识伴随而来的感受。发掘是一种渐进的过程，可能找到已被遗忘的激情和发掘到新的激情，或确认目前已感受到却不了解的激情。在这个过程当中，你必须面对自己的弱点——自我怀疑、恐惧——找到让激情燃烧生命的勇气。

我们就像一只折翼的小鸟，知道自己可以展翅高飞，如今却无力冲高。不管你处于哪个人生阶段，很可能已遗忘了激情。孩提时代，我们完全被感情所左右，毫无恐惧地放手去做会让我们感动的任何事情，我们沉迷于好友、嗜好和音乐团体。等到长大成年后，我们经常会说服自己这些激情是幼稚且不切实际的。成年后仍未放弃激情的人，通常会认识到，必须有所节制，才能适应现实的世界。不管激情被埋得多深，总是可以把它发掘出来。

如果你从未找到自己的激情，就必须解放自己，让自己去接触各种机会和经验，才能发掘出自己的激情，如阅读、上课、和朋友聊天、参加各种活动，都有助于这个目的。如果你还不能强烈感受到会让自己感动的事物，就得花更多的时间去确认。如果你喜欢和朋友一起上健身房，真正让你迷上这件事的原因是什么——健身？或吵闹的音乐让你感到兴奋？或者是友谊的培养？检讨自己的经验和触动你的感受，就可以决定自己的激情所在。此时，你才可以利用激情去改善生活。

3. 澄清目的

一旦发现和确定自己的激情后，必须弄清楚发挥激情的目的所在：是追求名利、个人成长，还是丰富人生、追求世界和谐？你所界定的目的，将决定你追求激情的方式，也将提供执行激情计划的理由。

4. 确定行动

在确定目的后，需拟订行动计划，确定采取哪些行动来实现目的。有人或许会认为，激情是一股不受限制、自然发生的力量，似乎不可能跟着计划走。的确，激情威力强大无比。但为了让它生生不息，需要赋予它一个蓝图，借着激情的扩大，可增强激情的威力。

行动计划能够、事实上也必须涵盖生活或事业的不同层面。这不是让你按部就班地执行一连串步骤，而是兼顾许多不同领域的一张蓝图。

假设你发现自己最热衷的是健身，平常你就会上健身房，而且相当注重饮食，这似乎不足为奇。假如你希望改变健身对你的生活所具有的意义，你希望把健身的乐趣转移到其他生活领域，或许换个可以更大发挥这项激情的工作，你打算如何着手呢？首先，你不可以辞掉工作，靠减肥食谱过日子，这个激进的做法并不能保证你成功。你可从了解更多与健身相关的领域着手，询问健身俱乐部教练的工作情形，或者为朋友规划健身计划，或者考虑出版相关书籍。只要开放你的心胸，你会发现到处都是机会，而且唾手可得。

对以前的生活有自信，也准备好迎接新的生活，是接受改变应持有的一种心态。你可以用自己能承受的速度把激情整合到生活中。虽然你对计划执行会感到胆怯，但当你认识到行动和激情是一致的，且关系能否实现目标，你就能面对挑战，并放手去做。

5. 热心推动

一旦拟订好计划，下一个步骤就是执行，这个步骤让你的激情开始接受考验。此外，你还要努力将激情融入生活，否则，一切都徒劳无功。

把激情付诸行动的第一个步骤最困难，因为这可能要求你脱离安全地带，冒一定的风险。每个人所面临的风险都不相同，但回报却是相同的。有人须克服恐惧、放下自尊、牺牲稳定收入，但只要克服这些问题，燃烧激情的每个步骤会变得更轻松，你会更懂得享受经验，更有信心做出选择，让自己的人生更加美好。

一旦你投入激情去执行计划，你看到的将是机会、可能性，而不是障碍、限制。你将亲身目睹激情的威力，并了解什么是推动成功和改变的一股重要力量，你会开始创造自我的成功模式。简单地说，你会成为激情者。

6. 持续追求激情

实现目标或许需要长期计划来推动。成功之路或许没有捷径，也可能崎岖难行。面临障碍或意外状况时，你的激情可能会降温。此时，你必须深入内心，并找到坚持下去的理由。人类的最大弱点之一是喜欢找借口。我们放弃节食，却怪减肥食谱无效；勉为其难地推行新年度解决方案，却怪规划时有明显的错误；放弃梦想时，却怪这个理想太愚蠢。放弃目标，我们总是可以找到借口或理由。

不管你多么富有激情，执行计划时仍会面临阻碍和挑战。当你面临这些困境时，就回到改变的源头——激情，它会为你提供实现目标所需的精力和激励。

如果你忠实于自己的激情，而且认真执行上述几个步骤，就可以达到自己所寻求的结果，也可能会有一些意外的收获。因为激情会把你带到更高层次的生活水准，为你敞开世界，让你扩大视野。它也会让你有新的认识，有助于自我实现，并且进一步煽动你的激情，让你迈向更大的成就，感受到更大的喜悦。

把自己开发成一座宝藏

人的潜能是巨大的，但是如果任凭它沉睡，不去唤醒它、点燃它、引爆它，就不会产生实际效用。只有实现由潜能到实力的转化，变巨大潜能为巨大实力，才能够获得成功。那么，我们在当下该怎样去开发自己的潜能呢？

充分考虑自身的天赋、资质等客观条件。根据自身的天赋和资质，特别是根据自身的优势和特长来确定应当着重开发的潜能，这样便能使潜能的挖掘事半功倍。

科学家珍妮·古多尔在选择行业前清楚地知道，她并没有过人的才智，但在研究野生动物方面，却有超人的毅力、浓厚的兴趣，而这正是干这一行所必须具有的素质。所以，她没有去攻数学、物理学，而是进到非洲森林里考察黑猩猩，终于成了一个有成就的科学家。

汤姆逊由于“那双笨拙的手”，在处理实验工具方面感到很烦恼，因此他的早年研究工作偏重于理论物理，较少涉及实验物理。他找了一位在做实验及处理实验故障方面有超常能力的年轻助手，这样他就弥补了自己的缺陷，努力发挥自己的特长，巩固了自己在物理界的地位。

人人都有自己的优势所在，人人都有自己的最佳发展区，所以一定要根据自身的天赋、资质等客观条件，大力开发优势潜能，否则，费时费力还没有成效。

现代教育观提出：由于每个人的特点不同，“每个人都应当有自己的课程”。每个人开发自身潜能时，一定要根据自身特点，设计出开发、利用潜能的蓝图。进行一定的自我暗示，也可以取得一定的成功。你要想成功，就要每天不断地在心中念诵自励的暗示宣言，并牢记成功心法：你要有强烈的成功欲望、无坚不摧的自信心。如果你保持精神与行动一致的话，你将会获得信念的神奇力量，它将会替你打开潜能宝库之门。

毕业于哈佛大学的一名学生，生活十分糟糕，为此他怀疑自己的能力是否只能让他过这样的生活。在他听了著名心理学家墨菲讲的几堂心智科学的课之后，他对墨菲说："我一生中的每一件事情，都乱七八糟。我失去了健康、财富和朋友。每一件事情一碰到我，就会出毛病。"

墨菲告诉他："在你的想法中，应该先建立一个大前提，那就是你的潜意识的无限智慧会引导你，使你在精神、心智和物质各方面都朝着好的方向发展。然后你的潜意识就会自动地在你的投资、决心各方面给你睿智的指导，并且治好你的身体，恢复你心灵的和平与宁静。"

下面就是墨菲为这位哈佛毕业生建立的大前提：

"无限的智慧在各方面引领、指导我，我会有完美的健康；调和的定律在我的心灵和身体方面发挥作用，我会有美、爱、和平和富足；正确行动的原则和神圣的意旨，将控制着我的整个生活。我知道我的大前提是置于生命的永恒真理之上，而我更知道并且相信我的潜意识，会根据我意识的想法的性质而产生反应。"

这位哈佛毕业生由此受到了启发，他写信告诉墨菲："一天有好几次，我会带着爱心缓慢而平静地重复前面的几句话，知道这些话会深入到我的潜意识中，而结果必定会跟着出来。我非常感激你对我的谈话，而我要指出我的生活各方面都向好的方向发展。这种办法真有效。"

适时增加压力，也可以激发潜能。虽然人的潜力是无限的，但只有在一定条件下，才能最大限度地激发出来。逆境是开发人体潜能的动力之一。

著名科学家贝弗里奇说："人们最出色的工作往往是在逆境中做出的，思想上的压力甚至肉体上的痛苦，都可能成为精神上的兴奋剂。很多作家、画家平时灵感难寻，只有在交稿时间迫近造成的压力下，大脑里才容易闪现出灵感。"

创造学之父奥斯本认为："多数有创造力的人，其实都是在期限的逼迫下从事工作的。决定了期限，就会产生对失败的恐惧感，因此，工作时加上情感的力量，会使得工作更加完美。"他还说，"谁被逼到角落里，谁就会有出奇的想象力。"

当然，压力不能过大。压力适度，不但是行动的最好保障，而且往往能把潜能发挥到极致，创造出令人震惊的奇迹。

潜能开发实操

练习1：找到自己未知的潜能

1. 想象一下下面的情景：在一条河上有两艘船，都向着一个桥洞驶去，你认为结果会是怎样的？

A. 船通过桥下继续前进

B. 可能会碰到桥

C. 回头

2. 在河边的山上有一条隧道。路面上有一辆汽车在行驶，你觉得这辆车是即将驶入隧道，还是刚从隧道驶出来？

A. 刚驶出隧道

B. 正要驶入

C. 不知道

3. 河上有一座桥，上面有一位女子，你认为她正在做什么？

A. 正在想水有多深

B. 正在寻找迷路的朋友

C. 正在眺望美丽的风景

4. 在远处有一座大山，你想说的一句话是什么？

A. 好壮观的山啊

B. 看起来很像一张人脸

C. 看起来很像一个人的背影

5. 如果将前面四个问题中的场景组织成一幅画面，要你为它取个名字，你觉得下面哪一个最合适？

A. 恶魔之乡

B. 迷失之乡

C. 梦幻之乡

6. 在这些事物组成的画面中，你觉得下面哪一个给你的印象最深刻？

A. 桥上的女人

B. 远方的山

C. 两艘船

计分方法：

选择A计1分；选择B计3分；选择C计5分。

心灵解析：

总分在11分以下：你具有领导魅力，你的人格魅力是不言而喻的，在一个群体中，你总是充当着众人推崇和仰慕的角色，你的地位是高高在上的。在其他人遇到问题的时候，最先想到的请教对象总是你，因为他们能从你这里得到帮助和心理上的满足。你是别人信任和依赖的对象，你对别人具有很强的吸引力，你适合担任比较重要的工作和任务，而且越是重要的工作，你越是能有出色的发挥，这就是你的潜能，如果你还没有完全地具备这一点，或者没有充分显露出来，那在以后的工作和生活中，你就要有意识地培养自己，开发自己这方面的能力，加强自己的自信，培养起有力的信念和力量，积极地发挥自己的这一才能。

总分为12～17分：你有超强的行动力。你总是能用及时行动的方式为自己的思想做出最好的诠释。在遇到事情时，你不会挖空心思去制订什么周密的计划，而是期待马上用行动得到相应的回报。你拥有超强的闯劲和锐气，多困难的工作你都可以投入时间和精力去把它完成。当然，如果你的行动没有立竿见影的效果，你会显得急躁，所以，你更适合业务推广的工作，比较容易适应挑战性强的职业。

总分为18～23分：你有着缜密的分析能力。你就像一个冷静的侦探，遇到问题时总是依靠自己超强的判断能力去分析，把问题的每一个环节都分析得清清楚楚，拨开迷雾看到事情的本质，属于典型的“头脑清晰”类型。你的这种综合性的分析能力和判断能力，使你具备了在某个组织和团队之中的管理能力，这种优势让你处理问题时显得从容不迫、游刃有余，很容易赢得别人的信赖和尊重，所以，你适合在研究、分析、组织等方面充分发挥自己的优势。

总分为24~30分：你的想象力丰富，具有很强的创造力。你能不落窠臼，看到别人看不到的东西，别人提出一个方法，你也许就能提出三个以上的解决方案。在强调独创性和创造性的领域里，你的发挥将非常畅然和顺利。你的感觉很独特，所以你在行为上偏重跟着自己的感觉走，正因为这样，你更需要一个了解你的人来协助你，才能更大限度地发挥你的能力。

练习2：自己的潜能在哪里

小魔女咪咪，父母双亡，是由坏心肠的叔叔和婶婶抚养长大的，因此备受冷落和虐待，过着非常辛苦和不快乐的生活。她一直不知道自己会魔法。有一天，咪咪像往常一样按照叔叔婶婶的命令打扫院子。天寒地冻，她一边扫一边哆嗦，心想：“要是手里的扫帚可以自己打扫院子该多好啊！”突然，奇妙的事情发生了。扫帚“嗖”地跳出咪咪的手，居然自动打扫起院子来。咪咪非常吃惊，同时也意识到了自己拥有不可思议的力量。那么，如果你是她，接下来你会怎么做呢？

A. 仔细研究扫帚的特异之处

B. 一直盯着扫帚看，观察它是如何工作的

C. 立即坐上扫帚飞离这个家

D. 把破破烂烂的扫帚修理得漂漂亮亮

答案分析：

A. 你具有创作潜能。你的想象力极其丰富，会是常人的好几倍。虽然你可能尚未意识到这一点，但你是不是经常从身边人的一个小动作来揣摩对方的心思，或者由一幅画联想出一个故事？这些都是你创作潜能的体现。

B. 你的身上有你尚未意识到的常人无法比拟的敏锐的观察力。因此，你身上有绘画的潜能。要知道，绘画不仅需要激情，观察力也相当重要。虽然将所见事物毫厘不差地描绘出来很难，但只要你有这样的观察力，应该不成问题。

C. 说明你的感受力比其他人强烈得多。所谓感受力，是指对所见所闻所产生的感觉和反应，并使之成为自身一部分的能力。如果你充分发挥你那优异的感受力，比如，从事音乐创作，你肯定能写出优美动人的歌曲。

D. 你是个心灵手巧的人，能做许多复杂的烦琐的手工活。因此，如果你是男生，不妨尝试一下制作模型；如果你是女生，不妨尝试一下编织或裁剪。拥有这方面潜能的你肯定会做得相当出色，令自己也十分意外。

练习3：潜能开发要多久

对大脑潜能开发的不同程度决定了一个人的命运如何。那么，你的潜能开发到什么程度了？你的潜能何时出现呢？

现在你被关在一个密室里，在你的眼前有一颗定时炸弹即将引爆。你盯着炸弹上的数字直发抖，用你的直觉想一想，你认为还剩下几分钟炸弹就会爆炸？

A. 40 分钟以上

B. 26 ~40 分钟

C. 11 ~25 分钟

D. 10 分钟之内

测试结束，请看结果：

选 A：大器晚成型。虽然在年轻的时候你也发挥过你的才能，但那只是你真正才能的一半而已，并没有完全发挥出来。你需要十年以上的时间，潜能才会出现。把年轻时得来的经验累积起来，将是你日后一笔巨大的财富。建议你有机会多看看书，多和人接触、交往，将会无往而不利！

选 B：你需要长一点时间，潜能才会出现。从现在开始算起约十年后，就是你最有希望的时期。在这期间你会经历一次很大的转变，多多拓展你的人际关系，将会对你有所帮助。

选C：你的潜能将在3~5年之内出现。你要一直持续做你感兴趣的事情，总有一天，你会比别人更上一层楼。所以若是现在还没有成功，请不要气馁，继续努力！

选D：你的潜能在3年之内就会出现，而且是在你完全没有心理准备的情况下突然出现的。你不妨试着挑战看看，认为自己可能做不到的事，结果却会令人满意得不得了！

练习4："瞎子"排序号

游戏目的：

在压力面前发挥自己的潜能。

游戏准备：

人数：不限。

时间：不限。

场地：室内。

材料：摄像机、眼罩及小贴纸。

游戏步骤：

（1）将参与者分成14~16人一组，让每个人戴上眼罩。

（2）给每人一个号，但这个号只有本人知道。

（3）让小组根据每人的号数，按从小到大的顺序排列出一条直线，全过程不能说话，只要有人说话或摘下眼罩，游戏结束。

（4）全过程录像，并在点评之前放给大家看。

相关讨论：

你是用什么方法来通知小组你的位置和号数的？

沟通中都遇到了什么问题，你是怎么解决这些问题的？

你觉得还有什么更好的方法？

当环境及条件受到限制时，你是怎样去改变自己的？

你是用什么方法来解决问题的？

心理分析：

一个人在环境受限的时候，表现出来的潜力是不一样的，有人抗压能力很强，他们会把困境当作是对自己的挑战，这样的人很容易突破自我，最大限度地发挥出自己的潜能。抗压能力弱的人，很容易在挫折面前偃旗息鼓，这样的人很难发挥出自己的潜能。

练习5：突围入围

1. 要求

（1）人数：10人一组；

（2）时间：10～15分钟；

（3）场地：室内。

2. 目的

（1）激发潜能，冲出禁区；

（2）突入一个新的环境；

（3）增加娱乐性及活动量。

3. 操作

（1）各小组同时进行；

（2）各小组成员脸向圆心，手挽着手，将突围者围在圆圈内；

（3）音乐响起，突围者想尽一切办法从圈内冲出来，而围的成员要紧围住，不让他冲出来；

（4）若突围者冲出来了，接着要冲进去，而围的成员要紧紧围住，不让他冲进去；

（5）若突围者冲出来，又成功冲进去，则完成一个学员的任务，下一个接着来，依次类推。

4. 讨论

（1）突围入围时，难度多大？

（2）有什么技巧突围入围吗？

（3）联系现实生活中，冲出旧环境，进入新环境的感受。

第二章

从大脑到潜意识

我们的大脑是一个神奇的世界。正是这个神奇的世界创造了人类今天灿烂辉煌的文明。我们的大脑又是一个神秘的世界。正是这个神秘的世界隐藏着无数扑朔迷离的谜团，深埋着无穷朦胧莫测的秘密，让一代又一代的科学家叹为观止、束手无策。人类至今对大脑的认识和开发利用充其量只是冰山一角。

你有一颗极其强大的大脑

很多人都深谙这样一个道理："人生好与坏，正如该人用脑一样。你怎样用脑，你的人生就会变得怎样。"

我们也可以这样来理解这一句话：怎样用脑就有怎样的人生。但在学习用脑之前，认识大脑的机能、结构和运行机理对我们至关重要。

人的大脑是人类进化的先行者。我们进化的程度取决于我们利用这一自然界最惊人的产物的程度。

人从出生到生命终止，大脑随时都在不断地学习。

人类对大脑了解得越多，越容易发现大脑的容量和潜能远远超过早期的预料。人类的大脑每秒能记录1000个新的信息单位。但是根据最近的实验提出，人类的大脑能记住发生在我们周围的每一件事。

脑的运算速度之快往往令人惊叹，几百分之一秒内接收一个人脸的视觉印象，大脑可以在1/4秒内分析它的许多详细情况，并将全部信息综合成一个整体，在大脑中产生一个明确的、三维的面容。即使从未在这个地点见过这个面容，人脑仍能从其庞大的记忆库中识别这一面容，同时能想起关于这个人的许多事情，而且大脑还要解读其面部表情，决定行动程序，调动全身肌肉，结果伸出一只手来微笑、说话。发生这种情况的时候，脑分析和整理视觉信息及其他感觉信息，用声音和气味来协助鉴别这个面容。脑能控制和调整身体的位置，保持其平衡或平稳运动，并连续地控制体内数百个参数，校正任何偏离正常的地方，以维持身体的最佳功能状态。在我们一生中，脑每时每刻都以这种方式不断地觉察、记忆、控制和综合无数不同的功能。

不容忽视的是，人的知觉也非常敏锐。例如，人的鼻子可以嗅到一个气体分子的存在，眼睛视网膜上的细胞能感受到一个光子的微小刺激。大脑对电场和磁场以及月亮的盈亏都很敏感，无数证据表明，我们对其他人的心理活动同样也是很敏感的。

很多时候，人们常说："我们只用了全部智力潜能的10%。"但就现在所掌握的情况来看，这个估计还是太高了。我们用的潜能连3%都不到，甚至有可能仅仅只是0.1%或更少。

就人脑的复杂性和多功能性而论，它远远超过地球上的任何一台复杂的计算机。计算机的数学运算能力和逻辑运算能力是非常强的，即便如此，这些能力也仅仅代表人脑许多能力微小的一部分。

脑和计算机之间的最显著的区别是：脑不只是直线式的按逻辑工作，而且能同时对信息进行加工和综合。人脑在不到1秒钟的时间内就能识别一个面孔，这令世界上所有的计算机望尘莫及。计算机发展到今天能做到从10个左右的物体中识别一个像杯子这样的简单物体，然而做到这一点对大脑而言只是轻而易举的事情。

我们现在对人脑的这些了解，是在最近的二十多年中才逐步认识到的。这些知识在学校是学不到的，但却能够改变你的生活方式、学习方法、思维方式、解决问题的方法和创造方式。

英国作家、心理学家、教育家托尼·布赞曾一针见血地指出："你的大脑就像一个沉睡的巨人。它是由千亿个脑细胞构成的，每个脑细胞就其形状而言像小章鱼。它有中心，有许多分支，每一分支有许多连接点。几十亿脑细胞中的每一个脑细胞，都比今天地球上大多数的电脑强大和复杂许多倍。每一个脑细胞与几万甚至几十万个脑细胞连接。它们来回不断地传送着信息。这被称为'迷人的织造术'，其复杂和美丽程度在世间无与伦比，而我们每个人都有一个。"

我们完全有理由说：人脑的潜能是无限的，它的存储量大得惊人。也许你不禁会问：一个人的大脑究竟能容纳多少知识呢？按照科学家的估算，从理论上讲，大脑存储的信息量相当于藏书1000万册的美国国会图书馆的50倍，高达5亿本。如果一天读一本书，要不间断地读136万年才能装满我们的大脑。由此不难看出，我们大脑的功能何其强大。

无数的科学研究表明，普通人对大脑开发和利用的比例，只占大脑潜能很小很小的一部分。这一方面说明我们人类在大脑潜能利用方面存在着惊人的浪费现象，另一方面也为我们展示了这样一幅值得憧憬的前景——如果每一个人都把尚在酣睡的大脑潜能开发出来，那么我们的人生将会充满无限精彩。

大脑如何影响我们的生活

大脑内部的活动，乃至大脑自身的结构，决定着每个人的生活态度、行为和情绪。注重感受的人，容易激动，脑部区域移动性较强；而相对安静的人，其脑部区域则没有这么灵活。另外，人脑区域之间的移动性会随着年龄的增加而递减。如果特定的思维模式已经深植于内心，那么我们在精神层面上的灵活性就相对较低。

左、右半脑在我们的生活中扮演着重要的角色。直到20世纪后半叶，人们才知道，两侧半脑分别具有不同的功能。

左脑是理性脑，有人干脆直接称之为语言脑。它掌握着语言、文字、符号、分析、计算、推理、判断等，并且直接指挥右侧身体的运动，如右耳、右手、右腿等的动作。左脑用语言来运转，它的思维方式以抽象思维和逻辑思维为主，具有连续性、延续性和分析性等特点。其功能是进行逻辑推理和语言表达。

与左脑不同的是，右脑是感性脑。它掌握着音乐、绘画、想象、创造等，并且直接指挥左侧身体的运动，如左眼、左耳、左手、左脚等的动作。右脑用图像来运转，它的思维方式以形象思维和直觉思维为主，具有无序性、跳跃性和直觉性等特点。其主要功能是进行空间和形象的思维，具体体现在直觉、节奏、形象、想象、空间感、整体性等方面的能力。

大家去逛商场时或许有这样的发现：商场中高档、昂贵的商品一般陈列在左侧的陈列架上。这是销售人员从无数的经验中总结出来的一种销售技巧。对这种情况仔细推敲你会发现，这其实是对“左、右脑分工理论”的合理运用。刚刚走进商场，大家立即就会被明亮的灯光和优美的背景音乐所笼罩，进而莫名其妙地被一种欢乐的情绪所感染。事实上，这是在店内氛围的影响下，右脑进入亢奋状态的结果。这时候，陈列在左边视野中的商品信息被传送至右脑，而对于商品的好坏、是不是自己需要的、是否适合自己、性价比是否合适等信息就会被忽略，右脑的直觉性判断占据上风，顾客就更容易有购买欲望。几乎每一个人都有过冲动购买的行为，这就是原因所在。

除此之外，其实盲文也是对左、右脑分工的巧妙利用。盲文最早是在军队中作为一种暗号使用，其目的是在黑夜中也能阅读信息。而作为盲人的文字得到普及则是大约一百年前的事情。

在当时，因为布洛卡的“左半球为优势半球”的观念占统治地位，所以盲文也是用右手来阅读的，左手只是按住字行的左端以免换行时发生错误。但是在后来，人们发现左手移动速度更快而且不易疲劳，因此直到现在，在盲人学校里，学生接受的都是用左手阅读的指导。对于这一现象，如果我们从左、右脑的分工来分析，就可以理解为什么左手阅读更适合了。因为左脑是掌管语言功能的中枢，右脑是掌管空间知觉的中枢，而盲文虽然是一种文字符号，但由于它是通过手的触觉来感知和阅读的，所以盲文中每一点本身都不具有意义，点之间的位置关系才具有文字表达的含义。我们也可以这样理解，阅读盲文是依靠空间知觉来进行的，右脑主管空间知觉，所以左手的阅读能力更加出色。盲文在长期的使用过程中不断完善，它堪称是巧妙利用左、右脑的分工、具有很强使用性的杰作。

有人用很形象的比喻来形容左、右脑的不同，把男性大脑比作左脑，女性大脑比作右脑。因为男性大脑天生逻辑性和方向感比较强，同时男性也更加理智和现实。而女性大脑更加侧重于形象思维，很多时候也更容易感情用事。在空间能力方面，女性的大脑分工比较模糊，男性的大脑分工比较明显；在支配语言能力方面，女性控制语言过程的左脑的速度要比男性快。从大脑的构造上看，女性左、右脑的脑梁部分粗于男性，所以左、右脑可以更顺利地同时使用。因此，女性大脑的沟通交流能力特别发达，她们更加敏感、灵敏，能够通过察言观色来了解对方。

四种脑频率，四种精神状态

借助脑电波（EEG）图，我们可以看出脑电波的节律，据此，心理学家能够看出一个人处于哪种状态，并将其划分为四种不同的脑频率，如下图所示。

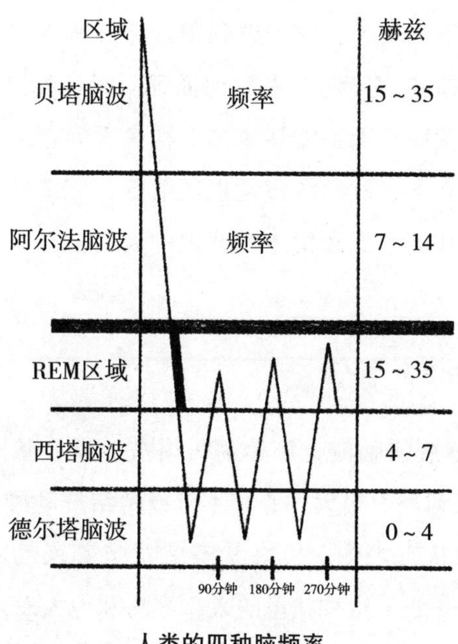

人类的四种脑频率

1. 德尔塔状态和西塔状态

在无梦的深度睡眠状态中，人是最放松的，身体在这一阶段重新获取能量并恢复体力。科学家称这种脑波状态为德尔塔状态，在此状态下，脑频率小于 4 赫兹。

而当一个人的脑频率介于 4 ~ 7 赫兹的时候，处于“似睡非睡”“身心入定”的状态，虽然没有熟睡那样放松，但这种“冥思”也是精神放松的最佳状态之一。这种状态是直觉和创新能力发展得最好的阶段，科学家称这种脑波状态为西塔状态。

至于下意识眨眼时的状态（REM 区域），由于持续时间非常短暂，这里不作讨论。

2. 阿尔法脑波

当我们的脑频率处于 7～14 赫兹时，就处于阿尔法状态。这意味着，虽然我们的头脑是醒着的，但精神状态却是完全放松的。我们的思维无任何障碍，呼吸很深而且均匀，浑身感到很舒适。所以我们能够很好地解决问题，各种灵感往往能“不请自来”地涌现。而且我们在这种状态下，一般也不会很偏执、片面，而是能够从多个视角看问题，并能够提出全局性的建议。在这一状态下，我们的直觉也很活跃，创造性思维得到发挥。在阿尔法状态下，通往潜意识和集体潜意识的大门被打开，因此我们能充分发挥大脑的潜能。

3. 贝塔（Beta）脑波

所有超过 14 赫兹的脑波，都称为贝塔波。这一状态的脑波频率可达 35 赫兹。如果你感到压力很大、心神不宁或情绪波动剧烈，那你此时肯定被认为是处在贝塔状态之中。贝塔状态就意味着躁动不安，处于压力之中，具有攻击性——处于这种状态的人，容易和他人发生不必要的冲突。

也就是说，我们如果处于贝塔脑波下的状态，就会浑身从内到外都很紧张。我们的想法无法得到自由的释放，而是受到内在的阻碍甚至完全被禁锢住。我们内心非常纠结、痛苦，试图让自己有所改善，却又无能为力，这就是贝塔状态易于引发的负面结果。当你处于贝塔状态时，左脑会高度紧张，相反，右脑就如同被关闭掉一样。往往无法很好地与他人沟通，也不能达成最佳的解决方案。这种状态下的人，意味着斗争、防卫、战斗、否定，肌肉紧张、头昏脑涨、偏头痛、胃痉挛，所有这些都是贝塔状态的典型特征。

一个人越是经常处于贝塔状态，就越容易感到紧张，显得手忙脚乱、神经质。这种脑波状态会在你的言行举止中有很明显的体现：声音会提高，呼吸会加快，脑部出现供氧不足，于是无法以最佳状态运转；此外，通往潜意识的大门紧闭，面对各种问题，你会感到心力交瘁，付出很多努力却事倍功半。

潜能储存在潜意识中

潜能藏在哪里？你不必到处去寻找，它就藏在大脑的潜意识中。任何一个人都有一个心智，而这个心智具有两种不同的特质，这便是人的意识和潜意识。意识是理性的层面，它具有判断、归纳、推理方面的逻辑思维能力，而潜意识是非理性的层面，它具有记忆、储存、释放的能力。意识所表现出来的是显能，而潜意识所蕴藏的是潜能，显能远远小于潜能。

深层意识即潜意识。所谓的潜意识指的就是潜藏在一般意识底下的一股神秘力量，又称右脑意识、宇宙意识。著名的日本心理学专家春山茂雄在《脑内革命》中给它取了一个很质朴的名字——“祖先脑”。

需要说明的是，潜意识聚集了人类数百万年以来关于遗传基因层次的信息。可以说，它囊括了人类生存过程中的本能、自主神经系统功能、宇宙法则。一言以蔽之，人类过去所得到的所有最好的生存情报，都蕴藏在潜意识之中。

人们潜意识的世界，是超越三度空间的超高度空间世界。潜意识一旦被开启，将和宇宙意识产生共鸣，宇宙信息就会以图像的方式展现出来，心灵感应等 ESP（超感觉的和觉）能力也将一一出现，而巨大的潜能动力就深藏其中。

研究表明，很多人不相信潜能的动力深藏于深层意识的最主要原因是，他们觉得潜能动力不是以显性的状态出现，而是以一种看不见摸不着的方式存在，所以深感虚无缥缈，久而久之，他们的潜意识里对这种理论就产生排斥。唤醒内心沉睡的巨人，从诱发潜意识开始。

美国著名学者奥图博士说："人脑好像一个沉睡的巨人，大部分人只用了不到1%的脑力。"这的确是一个令人咋舌的结论，但却是一个不争的事实。

最新研究表明，一个正常大脑的记忆容量能够储存大约6亿册书的知识总量，也就是说，我们的大脑容量是一部大型电脑储存量的120万倍。

奥图博士这样比喻：如果人类能开发大脑的一半以上潜能，就可以轻轻松松地学会40种语言，记忆整套百科全书，并获得12个博士学位。

这些数字让人惊诧无比、难以置信。而据说，提出相对论的爱因斯坦，其大脑的开发度才不到3%。

可见，人类的智慧和知识至今仍是"低度开发"，而人的大脑真是一个巨大的宝藏。然而可惜的是，每个人终其一生，都忽略了一个最关键的问题——如何开发自己的潜能。

在回答这个问题之前，我们有必要明白潜能与潜意识之间的联系。

首先，潜能来源于潜意识，从某种意义上来说，潜能就是潜意识。开发潜能就是诱发潜意识。

其次，潜意识相对于意识而存在，是相对于意识的一种思想。潜意识可以通俗地理解为人类原本具备却忘了使用的能力，这种能力称为"潜能"，潜能的动力深藏在我们的深层潜意识当中。

通过了解潜能与潜意识之间的联系，我们可以回答上面提出的问题，即通过诱发潜意识来激发潜能。

下面介绍一个游戏，这个游戏需要一个人配合，这里暂且称这个人为甲。完成这个游戏，需要三个步骤。

第一步：让甲坐在椅子上，摘去手腕上的饰物，保持衣袖宽松，然后闭上眼睛，全身放松，身体微向左或右倾斜，双手自然下垂，过一会儿，甲会觉得手麻。

第二步：托起甲的手，在他的手腕处轻轻地拍两下，然后再绕手腕慢慢地转一圈，给甲造成我们正在系绳子的假象，同时对甲说：

“我在帮你系绳子。”

第三步：一切完备之后，一边做拉绳子的动作，一边对甲说：“我在拉绳子，拉起来，拉起来……”

这个时候，你会惊奇地发现，甲的手不受控制地伸起来了。

这个游戏带给我们的启发是，只要我们想办法诱发潜意识，藏在人身体之内的潜能就会不自觉地爆发出来。这是开发潜能的最基本道理。

诚然，生活中不乏这种类似的案例。

有一个人一直用右手吃饭，结果，右手在一次意外中遭受创伤，只能勉强用左手来吃饭。很明显，左手根本没有右手灵活，但是，他觉得只要慢慢来，左手也一定能像右手那样灵活。果不其然，当他的右手痊愈之后，他的左手已经和右手一样灵活了。

案例中的主人公虽然右手受过伤，但后来却康复了，除受了一些肉体伤痛之外，他的肢体最终还是完好无恙的。然而，相比之下，下面案例中的主人公刘刚的遭遇则更加悲惨。

刘刚在一次意外中，被高压电击到，致使其失去四肢。起初的刘刚和每一个普通人一样，无法接受这样一个事实。他想过自杀，但是最终却因为一句话而选择勇敢地活了下去。

这句话就是海明威所著的《老人与海》的结束语：你可以摧毁我，但是不可以战胜我！

是的，任何的磨难和厄运都无法摧毁一个热爱生命的人。

每当刘刚被艰难的生活折磨得想放弃时，他都会用这句话来自勉。

后来，他开始用嘴拿笔，写下一幅幅令人叫绝的书法，并获得了极大的成功。

有记者采访他：“你为什么能做到这一切？”

他的回答很简单：“因为我不认输。”

以上两个案例说明，当潜意识被诱发时，人本身的潜能是无限的！只要你不轻言失败，积极地去争取成功，潜意识就会点燃你深藏在体内的巨大能量，帮助你走出困境、迎接挑战、实现梦想！

审视你的“思考路径”

“思考”听起来很简单，但是做起来却很难。我们常常无法控制自己的思维，它经常走神，从一个话题跳到另外一个话题上。最终我们仍旧充满迷茫，但是却浪费掉了很多时间，整日胡思乱想却没有任何结果，于是我们就陷入了原地踏步的境地。这真的是你想要的吗？或者你是否想冲破思想的牢笼，突破内心的限制以及狭小的视界？西方谚语说得好：“不善于有效思考的人，会终日郁郁寡欢；而善于思考的人，会天天像过节一般愉悦。”

思考是一个生化电反应过程，在这一过程中，信息通过媒介（载体）传递，被从这个脑细胞传递到另一个脑细胞，最终在相对应的大脑区域“落脚”。于是，你常常想起的内容会铭刻于你的脑海。这就是你的“思考路径”，即这些想法总是能够更快地运送到特定地点。长此以往，你的这些思维模式就被牢固地安装在大脑中，同时在我们不知不觉的情况下，影响着我们所有的行为方式和思维方式。我们没有尝试过其他的“思考路径”，而只是习惯于走常走的小道。我们的视角、行为、态度都变成了一种习惯，然而我们却没有意识到这一点。

下面几种方法，可以改善、归正你的思考路径。

1. 剔除成见法

这是优化思维中很关键的第一步。它告诉我们，不要戴着有色眼镜去观察事物。

当一个新事物进入人们的视野，人们一般会出现两种反应：喜欢或者讨厌。之后，对该事物或问题加以自己感性的认识。这样做的后果往往会使人陷入某种困境而无法自拔。为了避免这种情况发生，一个非常有效的方法就是消除你的成见。迪·波诺在解释这个问题时曾举了这样一个例子：

假设我们大家现在都在讨论公共汽车的设计问题，有人建议把车厢里的座位全部去掉。此刻你会作何感想？为什么会有这些感想？

想象一下这样设计有哪些优缺点，权且当作到会人员所发表的不同见解。用3分钟的时间把这些优缺点写下来。写完之后，也许你会对你所写出的内容大吃一惊，这种设计的优点竟能与缺点数量相当，诸如造价低廉、容易修理等；而且，使乘客舒适这样一个非常重要的条件也许还会被你忽视。

这种剔除成见法的目的，是使你能够客观地认识世界，不受头脑中的定式所左右。

2. 面面俱到法

这种思考方法告诉我们，要确切地看清楚你所考虑的任何细节，不要有所遗漏，也不要有所忽视。任何细节的遗漏和忽视，都会影响你做决定的质量。

如果你要买一所新房子，就要将与房子有关的问题尽可能地考虑周全。当然，那些很明显的问题会首先引起你的注意。比如，房间的大小、房价的高低、房子的装修等。而那些看起来并不明显的问题也不能忽略，比如，电视机的接收效果、邻居的生活习惯、寒冷季节煤气管道是否会由于寒冷而影响使用等。

有一对夫妇看中了一幢房子，他们认为那幢房子夏天的景色很别致。但是一个朋友问他们：“冬天，叶落花凋以后，其景色将会如何?”他们就不知道如何回答，实际上，那幢房子的冬景是不堪入目的。

3. 先见之明法

恰当地运用前两种方法把各种问题和可能的因素揭示出来以后，如能有先见之明，可使你得到最佳选择。

我们对自己将来的预见，从时间上划分，大体分为四个阶段，即眼前、短期（1～5年）、中期（5～20年）和长期（20年以上）。

把这种思维方式应用到日常生活中去，还可以使你在处理问题的时候有一个正确的抉择。

多年前，年近中年的杰克时常和一位年轻姑娘来往，当时他说是并无他意，只不过逢场作戏罢了。朋友们曾告诫他，这样下去他可能爱上那个姑娘——可能会导致夫妻痛苦的离异——可能会导致包括子女在内的众叛亲离——可能20年后，新妻会不甘心与老朽为伴，还要出现再度的离异……但是遗憾的是，他当时没能够接受朋友们的忠告。但他们当时给他描绘的那些可怕的情景，后来都一一地变成了不幸的现实。

4. 明确目的法

这种思维方法要求我们，在做事的时候一定要把所做事情的目的铭记在心。

如果行为的目的明确得法，可以使我们把注意力集中到如何解决问题上，这样会很快地找到解决问题的方法。

有一个老奶奶在打毛衣的时候，她的小孙子因为刚刚学走路，在她身边走来走去，将她的毛线弄得一团乱，她无法再工作下去。于是，这个老奶奶就把她的小孙子放到栅栏里面去了。然而，这个孩子在栅栏里号啕大哭，她仍难以工作。这时她想到：我的目的是把我和这个孩子分开，而不是把孩子圈起来。既然如此，我何不自己进到这个栅栏里去，而把孩子放在栅栏外面呢?

于是她就这样做了，问题也得到了解决。

5. 主次分明法

这种思维方法的好处是可以帮助我们在事物的诸多因素中，选择出最重要的几个因素和最可能发生的情况。

例如，某人想向你借一点钱，这时你就一定要考虑一下他借钱的所有因素，然后选择几个最重要的因素。可能最重要的因素是“他什么时候能还钱”，其次可能是“这个人是否可信”，如果是你的孩子向你借钱的话，可能你考虑的最重要的因素就是“他要钱干什么”。

现实生活中我们不难发现，许多人在考虑问题的时候，往往分不清主次，只凭一般的感觉。殊不知，一般的感觉不能代替经深思熟虑而做出的决定。

6. 思想解放法

很多时候我们都有这样的困惑，我们解决某个问题的时候感觉已经绞尽脑汁了，但仍找不出解决的方法。这种思维方法的好处是可以告诉你如何开拓你的思路，使你进入一个柳暗花明的境界。

发明大王爱迪生在发明电灯的时候，仅做灯丝这样一项内容，就试用了不下数千种材料，包括砍木、钓鱼线、沥青和碳化纸片等，经过种种尝试最后才找到了金属钨。

在日常生活中，要学会“狂想”。要想到所有可能的情况，即使被认为不着边际，甚至荒诞不经，也不妨试一试。最优的抉择产生于各种可能因素的展示之后。

学会用脑做事

“认真做事只能把事情做对，用脑做事才能把事情做好”，这是李斌的座右铭。

用脑做事者，在接受他人（或上级主管或同事或其他人）布置的任务后，首先要用脑思考：如何快速把事情做好。要把事情做好就得讲究方式方法，就得思考做事步骤——先做什么后做什么，哪些步骤可以简化哪些步骤可以合并，避免不必要的重复，减少不必要的无用功。用脑做事者追求的不仅仅是在规定时间里把事“做完了”，更重要的是把事情“做好了”，此时有种“圆满完成”的感觉。

下面介绍一些思考的常用步骤。

步骤一：演绎

演绎是指从普遍性的原理出发，去认识个别、特殊现象的一种逻辑思考方法。

演绎的基本形式：三段论式，即大前提、小前提、结论。

步骤二：假设

假设是指根据已有的知识、经验、事实等，对问题产生的原因或事物发展变化规律所做出的推测。

步骤三：列举

列举是指把事件发生的各种可能性或要解决问题的特性逐条列出，再根据列出的所有项目进行分析、讨论，最终得出想要的答案。

这种策略不仅能帮助我们快速找全答案，而且可以使我们更容易发现事物或问题内部隐藏的规律。

使用列举法的注意事项：

- 完整全面：要求不遗漏、不重复地列举出符合要求的所有事项。
- 有序进行：有序列举，有条理、有逻辑，尽量避免重复或遗漏。
- 分类进行：列举时，可以先根据事件或问题的性质对可能的答案进行分类，然后再按类别分别列举，从而得到全面的答案。

• 表格列举：在实际解决问题的过程中，多采用表格列举法进行列举。

• 思考解决方案：在将全部事项列举出来之后，对所有事项进行深入分析，思考问题的解决方案。

步骤四：推理

推理是指由已知的判断或事实，推断出未知结论的思维过程。其作用是通过已知的观念等获取未知的信息。

• 演绎推理：由普遍性的前提（即众所周知的一般性原理或常识等）推出特殊性结论。

• 归纳推理：由特殊的前提（即某个具体事实或其他具体事项）推断出普遍性结论的推理方法。

• 类比推理：是指从一个事物的已知属性推出另一个事物也可能具有这种属性，即将两种事物进行类比。

步骤五：排除

排除，即将非关键性问题因素或议题等排除掉，以集中时间或精力分析关键因素或关键议题。使用漏斗法对某些非关键性事项进行排除，不仅有利于节省思考时间，还可以更有效地利用现有资源。

步骤六：分析

分析是指对问题解决策略的可行性进行分析，即考察所有对策中哪些可以或容易实行，是否有成效，成效有多高。

人们可以采用可行性分析矩阵对所有对策进行分析。可行性分析矩阵是由行和列构成的格子状图形，纵、横轴各代表一个要素，只要把想出的各项问题的解决策略放在相应的位置上，它们各自的关系及可行性便一目了然。

步骤七：归纳

归纳是指由一系列具体的因素、事实等概括出具有一般性的原理，即由个别、特殊现象概括出一般性原则或结论的思考方法。归纳由两部分构成，具体如下：

- 前提：指个别事实或特殊事项。
- 结论：在前提的基础上，通过推理得出的猜想、推断。

步骤八：联想

联想，即举一反三，指从一件事物或事情推及其他事物或事情，能够由此及彼，从而扩展自我思维，获取更多知识经验。

联想一般可分为三种类型。

- 相似联想：指根据事物之间的相似性进行联想，这种相似性通常包括形态、动作、情感、精神等方面。
- 相关联想：指根据一事物与其他事物具有某种相关性进行联想，相关性的范围较广。
- 相反联想：指将特征、性质等方面都截然相反的两种事物连接在一起的联想。

联想不等同于想象，它不是毫无依据、凭空捏造的，而是依靠人头脑中所积累的大量信息形成的。

人头脑中的信息量越大，联想的面越广，联想的问题越深。当一个人遇到一时难以解决的疑问时，可以带着问题去联想。遇到相似的经验或事件，便可以通过联想找到问题的答案。在日常生活中，应该多观察、多思考，寻找事物之间的关联性或相似性，以便在关键时刻做出恰当的联想。

改变你的思维模式

人与人之间的差别在哪里呢？人与人之间的差别，关键就在于一个人的思维模式，这一模式已经跟随了我们好多年，如同我们的隐形伴侣。有一些朋友上了很多成功学大师的课，也读了无数励志的书，但如果他的思维模式没有改变的话，他还会是老样子；如果他的思维模式改变了，那一切就都改变了。

我们常说，外在发生的一切其实是反映我们内在心灵世界的一面镜子。如果我们的内在世界发生了改变，变得更丰盛，那么外在世界的一切就会变得丰盛起来，梦想也会一一实现。

有这样一个故事：

有一个年轻人偷了邻居家的一只狐狸，结果邻居找上门来。这个年轻人正襟危坐，若无其事地与邻居谈笑风生——此时，那只被他偷来的狐狸藏在他的腰里。当他正与邻居谈笑风生之际，狐狸开始一小口一小口地吃他的肉。那个年轻人忍着剧痛依然如故，一副若无其事的样子。结果，邻居刚走，他就倒地身亡了。

这个故事告诉我们这样一个道理：吞噬我们的力量，是我们内在的模式。因此，你拥有什么样的思维模式，就决定你会有什么样的人生。外在的一切境遇都不重要，重要的是你对事物的看法与态度。

积极思考是一种思维模式，它使我们在面临恶劣的情形时仍能寻找到最好的、最有利的解决方法。

著名歌唱家帕瓦罗蒂曾经接受邀请到法国参加一个演唱会。为了使自己达到最佳状态，所以晚上他早早地就睡觉了。但没想到隔壁房间的一个婴儿一直哭个不停。当时，他也没放在心上，只是蒙着被子继续睡觉，觉得孩子哭一会儿就会睡着的。谁知那孩子一直在哭，那哭声具有极强的穿透力，帕瓦罗蒂的耳边“余音缭绕”，根本无法继续睡觉。当时，他感觉真的是心烦意乱，简直要崩溃了，只得披着被子在房间里来回走路，一边走一边祈祷：“那个婴儿快点睡着吧……”

但是，那个小孩儿好像就是在跟帕瓦罗蒂作对似的，无论他怎么祈祷都无济于事，而且小孩儿的哭声越来越大。当感到脑袋快炸开的时候，他意识到，其实小孩儿的哭声跟自己唱歌的道理是一样的。所以，他劝自己听孩子的哭声就像欣赏自己唱歌一样。渐渐地，他感觉这个孩子比自己厉害，自己唱歌的时候一会儿就累了，可他却可以持续更久。

所以，此时的帕瓦罗蒂已经化烦躁为欢喜了，他把耳朵紧贴墙壁，认真地倾听孩子的哭声。在听的过程中，他发现了一个问题，那就是在孩子哭到快到临界点的时候，就会把声音拉回来，这样做，声音可以不破裂。他得出的结论是：孩子用丹田发声，而不是用喉咙。因此，他也开始学着用丹田发音，发现效果真的不错。这样一个不眠之夜，他不断地练习，与隔壁的婴儿形成了对应。结果在第二天的演唱会上，他以饱满洪亮的声音征服了在场的所有观众，赢得了观众的阵阵掌声。

如果在那天晚上，在帕瓦罗蒂实在忍受不了孩子哭声的情况下，去找孩子的父母进行抱怨，那么他肯定不会发现这种好的发声方法，事业也不会取得很大的成功。所以，在遇到任何问题的时候，一定要保持乐观积极的心态，换种方式思考问题，那就是化逆境为顺境，最终走向成功。因此，积极思考能够给你实现欲望的精神力量、感情和信心，同时能够让你坚定自己的信念，是迈向成功不可缺少的要素。

由此可见，积极思考是相当重要的，它能使一个懦夫成为英雄，从心志柔弱者变为意志坚强者，由软弱、消极、优柔寡断的人变为积极的人。

综上所述，思维模式可以决定人的一生。如果能够不断变消极思考为积极思考，你就会有坚定的信念和良好的自信，最终获得成功。

有什么有效的方法能够改变我们的思维模式呢？

（1）首先看书是最廉价的方法，你可以看杂志、看小说、看电子书，总之只要不是垃圾书，积累到了一定的量，总会对你有所启示的。

（2）多跟老师和家长以及有趣、能干的人交流，他们就是一本活的书。而心智在交流中也成长得最快。

（3）多上网，不是为了打游戏和聊天，而是多关注国际和国内新闻，你的视野打开了，你的世界自然也不一样了。

（4）从现在开始就去做你一直以来想做却不敢做的事情，想一万遍不如做一遍。做的过程中你自然就成长了。

（5）定期写写日记，规律的运动，身体变了，大脑也会变的。

练习1：人工机器人

游戏目的：

看人们的想象力和动脑能力。

游戏准备：

人数：不限。

时间：不限。

场地：不限。

材料：无。

游戏步骤：

（1）将参与者分成若干组，最好每个小组8～12人。给每个小组5分钟的时间设计出一台人工机器，小组中的每个成员都是机器的一个组成部分，各个组成部分相互关联，一个组成部分的活动会引发其他组成部分的相关活动。5分钟后，各个小组依次展示自己设计的人工机器。最后，全体队员一起选出最佳设计。

（2）每个小组展示完自己的人工机器后，让大家把所有的人工机器连接起来，形成一个大型人工机器。

（3）在设计机器的过程中禁止说话。主持人可以事先在纸上写出需要设计的机器名称，比如香肠加工机、大钟、自行车、计算器、打字机、咖啡过滤器、混凝土加工机等，让不同的小组按纸上规定的名称设计机器。在机器展示的过程中，让其他小组猜出各个机器的名称。

游戏心理分析：设计是把一种计划、规划、设想通过视觉的形式传达出来的活动过程。这是一个开动人们的想象力的游戏，人们在游戏中尽情发挥自己的想象，让自己设计的机器成为最佳设计，这不仅能开发人们的动脑能力，也能考验人们的动手能力。

练习2：测测你的大脑

人的大脑分左脑和右脑，你用哪边思考问题呢？这对我们来说或许是个未知数。不过，通过下面的测试，你就可以了解到你用脑是偏重于左脑还是偏重于右脑。

注意：每题思考时间不超过5秒钟。必须回答“是”或“否”。

对于没有体验过而且无法回答的问题，回答“都不是”。

1. 你是否认为母亲做的菜最好吃呢？
2. 你对自己看过的电影、电视剧的演员、特技摄影师记得住吗？
3. 你喜欢写文章吗？
4. 你喜欢在小吃店里闲谈吗？
5. 你经常把你看过的电影、电视剧讲给别人听吗？
6. 你觉得组织宴会、聚会很麻烦吗？
7. 你初次见到一个人时注意其服装、相貌吗？
8. 对初次见到的人，你有与平常不同的感觉吗？
9. 遇到你没吃过的新奇东西，你想吃吗？
10. 比起写来，你是否更喜欢对别人说？
11. 上学时，若不按计划学习，你心情会不好吗？
12. 开始学电脑，你是否想先摸摸键盘自己摆弄？
13. 自己做的梦总是模糊不清吗？
14. 小的时候，你喜欢读传记、故事书吗？
15. 开始学电脑时，你是否先向别人请教或看说明书？
16. 小的时候，你喜欢看图画吗？
17. 喜欢把自己做的梦讲给别人听吗？

18. 上学时，你是否无计划地、随心所欲地学习？
19. 即使不能按计划进行，也要在期限内完成吗？
20. 你对菜肴方面的知识是否丰富，并且对食物比较挑剔？
21. 工作即使有些不顺利，也按原计划进行吗？
22. 喜欢自己做菜吗？
23. 桌子上有点乱时反而效率高吗？
24. 会议上有了结论就放心了吗？
25. 桌面不收拾整齐就不舒服吗？
26. 即使会议作出了结论，也对其结果担心忧虑吗？
27. 参加过集体旅行吗？如有机会愿意去参加吗？
28. 你常常用开玩笑来避开与对方的矛盾吗？
29. 你常同家人谈话吗？
30. 你喜欢赶时髦吗？
31. 当被委派一项工作时，你循前例而行吗？
32. 喜欢自己旅行吗？
33. 你喜欢全家一起旅行、做游戏、进行体育活动吗？
34. 你认为赶时髦是浅薄的表现吗？
35. 作业不到最后期限就做不出来吗？
36. 只见过一面的人，你也能记住其长相吗？
37. 你读书一般是从头开始按顺序读吗？
38. 如果有机会，你打算接触一下计算机或机器人吗？
39. 新店开业时你想去看看吗？
40. 你喜欢电视中的严肃剧吗？
41. 作业一定要提前几天完成，否则就坐立不安吗？
42. 见到你认识的人想不起名字时，你觉得难为情吗？
43. 你认为读书可以从你喜欢的地方读起吗？
44. 公司推行电脑自动化办公时，你有压力吗？
45. 你喜欢诗歌、短诗等韵文吗？

46. 当你觉得开始读的书比较难时，你想收集有关资料吗？
47. 你常读小说吗？
48. 你是否认为计划、记录等是经常变化的，乱一点没关系？
49. 工作计划、日程安排等一定要整理好才放心吗？
50. 即使是一本难懂的书，你一定要坚持读完吗？
51. 你喜欢唱卡拉 OK 吗？
52. 去看展览时只要有一个中意的，你就满意吗？
53. 工作没做完就没心思去玩吗？
54. 你喜欢古典音乐、摇滚乐、爵士乐吗？
55. 你乐于思考象棋的开局吗？
56. 旅行时，你是先定好全程计划并安排妥当后才出发吗？
57. 看展览时，你是一个一个地依次看吗？
58. 碰到有意思的事，即使耽误上课、工作，也要参加吗？
59. 你有好几个异性朋友吗？
60. 你认为异性朋友之间难以成为一般的朋友吗？
61. 你认为组织新年联欢会或集体旅行有意义吗？
62. 当被委派一项工作时，你注重自己“一闪念”的想法吗？
63. 你喜欢钓鱼吗？
64. 你是否认为评价一个人不能单凭礼貌举止？
65. 你擅长几何吗？
66. 打网球时，你喜欢（或擅长）轻打技巧球吗？
67. 你擅长选择有意思的内容快速浏览杂志吗？
68. 参加体育运动或业余爱好时，你也常常联想到工作吗？
69. 当你开始一项新的业余爱好时，是认真向书本或他人请教吗？
70. 当你开始一项新的业余爱好时，一上来就动手干吗？
71. 你每天仔细认真地看报吗？
72. 参加体育运动或业余爱好时，你是否热衷到忘记工作的程度？
73. 你总是认真记笔记吗？

74. 学生时代，你的笔记很乱、很简单吗？

75. 你喜欢做小工艺品、根雕、木工活或是玩魔方吗？

76. 你很介意别人的言谈、举动吗？

77. 你至今仍和学生时代的朋友交往吗？

78. 你对于背叛、欺骗过你的人，绝对不能容忍吗？

79. 你常常担心自己说话不妥吗？

80. 旅行时你是大体订个计划就出发吗？

81. 你喜欢电视中无聊的东西吗？

82. 你是否认为业余爱好会妨碍工作？

83. 你喜欢考虑新年联欢会或集体休假旅行的计划吗？

84. 你觉得围棋、象棋的终盘有意思吗？

85. 你乐于思考围棋的布局吗？

86. 你觉得在熟悉的商店里买东西，心里比较踏实吗？

87. 你善于把死棋走活吗？

88. 你想增加业余爱好吗？

89. 打网球时，你喜欢（或擅长）用力击球吗？

90. 你擅长代数吗？

首先按“是”每题2分、“否”每题1分、“都不是”每题0分的标准给你的答案打分，然后按照下面所示把R型和L型的总分算出来。

R型题（题号）

2、3、6、8、9、12、13、16、18、19、22、23、26、28、30、32、33、35、38、39、42、43、45、46、48、49、52、54、55、58、59、62、64、65、67、70、72、74、75、77、80、81、83、85、88、89

L型题（题号）

1、4、5、7、10、11、14、15、17、20、21、24、25、27、29、31、34、36、37、40、41、44、47、50、51、53、56、57、60、61、63、66、68、69、71、73、76、78、79、82、84、86、87、90

测试结束，请看结果：

也许你已经注意到，R 型题是检查右脑思考倾向的，L 型题是检查左脑思考倾向的。

如果你的 R、L 两个总分相差 6 分以下，那么你是一个用脑相当平衡的“左右脑型”人；如果 L 大于 R 型并且相差 7 分以上，说明你具有多使用左脑的倾向，属于“左脑型”人；如果 R 型大于 L 型并且相差 12 分以上，说明你属于“右脑型”人。

第三章

发现内心真正强烈的愿望

潜能需要有人来驾驭它，而这个人就是你自己，只要你有心控制，只让好的印象或暗示进入潜意识就可以了。只要不去想负面的事情，而选择有积极性、正面性、建设性的事情，激发内心强烈的渴望，你就可以左右自己的命运。

渴望中诞生希望

渴望是一种最为强大的行为模式。一切精神发现和精神成就都是热切的渴望加上意念的集中所致，渴望越是热切持久，得到的发现就越是明白无误。渴望大多是潜意识的，潜意识的渴望能够激发心灵的能力，使困难的问题迎刃而解。渴望点燃激情，渴望催生动力，渴望诞生希望！

1. 渴望感让人变得勇敢和灵通

渴望让人无所畏惧，渴望让人创意迭出。

马云说过一句很著名的话，大意是很多创业者都倒在了成功的前夜。这句话精辟地道出了成功和失败只有一线之差的残酷事实，也从侧面道出了一个真理：失败者不是没有坚持过，也不是缺乏信念，他们缺少的，往往只是身处于黎明前的黑暗中时那一点点的勇敢。

敢于面对无知，敢于面对挑战，敢于面对一次次的失败，这也许就是对“坚持”最好的阐释。试想，如果你被剥夺了一切，你会如何面对自己和人生？

让我们来看看被称为世界上最精明的犹太人是怎么做的。

在一个突如其来的事件中，一个犹太人、一个美国人和一个法国人同时锒铛入狱，他们将分别在一个独立小房间内被关押三年。出于人道主义，监狱长表示可以满足他们一个特别个性的要求。

烟瘾大的美国人要了三箱雪茄，他没法想象失去烟草的日子该怎么过。

浪漫的法国人要了一个美女，因为三年太漫长，没有美女共度，其无聊程度令人绝望。

而精明的犹太人要了一部可以与外界通话的电话。

他们都如愿以偿地得到了自己所要求的东西。三年后，三个人同时被释放出来。

美国人急匆匆地跑出来，嘴里塞满了雪茄，用闷闷的声音大叫着："快！快！给我火，给我火。"原来，他忘了要打火机。

第二个出来的是法国人。他带着一个美丽的金发女郎和两个孩子。

最后出来的是犹太人。他走到监狱长面前说："多亏了你给我的电话，可以让我不断得到外界的信息，远程遥控我的公司。最终，我的事业并没有因为我被关押而中断甚至是破产，相反，它壮大了好几倍。所以，我一定要向你表示感谢，请接受我即将送给你的一辆豪华车——劳斯莱斯。"

同样的困境，不同的人有不同的选择。美国人和法国人选择了自己需要的享受，而犹太人即使在监狱里，仍然把赚钱当成人生最重要的事情。所以，以赚钱为中心，他选择了看起来最不起眼其实作用很大的电话。

犹太民族对金钱的强烈渴望堪称世界之最，他们认为：一个人对金钱的渴望度越高，那么他获取金钱的希望就越大。所以，几乎所有的犹太人都将追求金钱作为自己毕生的使命和梦想。这种强烈的渴望使他们产生一种无限的欲望和力量，并一生为这个目标而奋勇拼搏。可以说，正是这种对财富的无限渴望，使犹太人最终建立起了令人惊羡的财富王国。

这就是渴望的力量。渴望成功，渴望生存，渴望负起丈夫的责任，渴望让妻儿吃饱，渴望卖出第一辆汽车……当强大的渴望浓缩成一个简单、明确的目标时，力量随之而来。

2. 渴望感是制造绝佳机会的心力

制造机会的人比等待机会的人走得更快、更远、更好。

机会是什么？机会就是人人都希望得到但无可捉摸的幸运，是成功者必不可少的因素，但是谁也说不清它何时会降临。所以，有人抱怨没有机会，有人勤勤恳恳等待机会，还有一种人，他们从不抱怨，而是主动出击，千方百计为自己制造机会。这种人往往能创造奇迹。

据说，拿破仑在打完一次胜仗后，有人问他，假使有机会，想不想把第二个城邑攻占。拿破仑听完就叫起来了：“什么？机会？我是自己制造机会！”

拿破仑一语道破天机。这位从科西嘉岛崛起，一路南征北战、称霸欧洲的常胜将军，并不是运气超好，得到命运女神的眷顾，而是善于为自己创造机会。

了解拿破仑的人都知道，他是一个野心勃勃、无时无刻不想着统治全欧洲的人。正是这样的渴望感，给了他为自己创造机会的心力。

所以，如果你真的希望成为机会的拥有者，不要等待，等待是一种消极的态度，而且会养成懒惰的习惯。请记住，每个人都是自己机遇的制造者，你可以选择造就或者不造就自己。因为在这个充满意外的世界上，一切皆有可能。

从今天开始，强烈地渴望你想要的东西，然后积极地投入工作和生活，调动一切感官为达成目标而努力，你会发现，无形中你已经成为一个高明的为自己创造机会的人。

如何激发自己内心强烈的渴望感？至少应该做到以下几点：

（1）根据自己的兴趣和需要，设定一个明确的目标；

（2）适当地给自己增加一些挑战，养成积极的心态，争取每天都有进步；

（3）敢于想象和冒险，让精神处在自由的状态，有助于激发潜能。

现在，生物学家和精神学家每天都在发现人体新的神奇之处，很多原来认为“不可能”的情况，都在被逐渐推翻。试着给予自己足够的鼓励，让身体和精神都保有一定的刺激，你会发现，你能做到的远远比你所知道的要多得多。脱离平凡，从强烈的渴望感开始。

了解自己到底想要干什么

许多人之所以在生活中一事无成，最根本的原因就在于他们不知道自己到底要做什么。不了解自己到底要做什么，对自己的人生没有目标、没有计划，只是茫然地行走，却又不满足地前进。

如果想要改变自己的状况，就要静下心来想想自己到底要什么，想要什么样的人生。

当然，这个目标的制订不是毫无根据的想象，不是让你天马行空做梦一般挑选职业，而是要根据你自己的特长和爱好来制订。如果不符合这个基本规律，同样等于没有目标。

有一个年轻人，生活状态非常不好，他觉得根据自己的能力应该获得更好的结果。因此，他就跑去咨询一个智者。

他在智者面前抱怨自己对目前生活的不满，还说出了自己的目标：找一份称心如意的工作，改善自己的生活处境。

“那么，你到底想做点什么呢？”智者问。

“我也说不太清楚。”年轻人犹豫不决地说，“我还从没有考虑过这个问题。我只知道我的目标不是现在的这个样子。”

智者接着问：“对于你来说，你的爱好和特长是什么呢？”

“这些我也没有仔细考虑过。”年轻人回答说。

“如果让你选择，你想做什么呢？你真正想做的是什么？”智者对这个话题穷追不舍。

“我真的说不准，”年轻人困惑地说，“我真的不知道我究竟喜欢什么，我从没有仔细考虑过这个问题，我想我确实应该好好考虑考虑了。”

“那么，你看看这里吧，”智者说，“你想离开你现在所在的位置，到其他地方去。但是，你不知道想去哪里。你不知道自己喜欢做什么，也不知道你到底能做什么。如果你真的想做点什么的话，那么，现在你必须拿定主意。”

这个年轻人的烦恼其实是大多数人的烦恼。几乎所有的人都对目前的生活状态不满意，都认为自己可以有更好的发展空间，可以获得更好的生活，可以更加惬意地生活。可是，如果你去问他们：自己想要的是什么？也许所有的人都会茫然地摇头。

那个智者帮助年轻人做了一番测试，发现这个年轻人对自己所具备的特长以及能力都不了解。智者知道，对于每一个人来说，前进的动力是不可缺少的，因此，他教给年轻人培养信心的技巧。

对自信的培养使得这个年轻人充分地认识到自己的能力以及特长。他终于知道自己想要干什么，同样也知道了自己应该怎么做。他懂得怎样才能事半功倍，他期待着收获，他也一定能获得成功——因为没有什么困难能挡住他前进的脚步。

许多人之所以在生活中一事无成，最根本的原因在于他们不知道自己到底要做什么。

试想一下，让一个读书的人将目标设定成种地；而让一个种地的人将梦想设定成当教授，请问这会有多大实现的机会？

在生活和工作中，明确自己的目标和方向是非常必要的。只有在知道你的目标是什么、你到底想做什么之后，才能够达到自己的目的，你的梦想才会变成现实。

即使是自己身上已经形成的东西，你也可以对其寻求改变和改善。没有任何一个汽车设计师能够在对已有的汽车款式缺乏了解的情况下，凭空想出有实用价值的新款汽车设计方案；也没有任何一个头脑正常的裁缝，会在对目前拥有多少布料和哪些工具毫不知晓的情况下就盲目开工。所以，如果我们对我们是谁、我们是什么样的人，以及我们的优势与劣势未做到了如指掌，我们就很难有针对性地做出改变——如果盲目改变，就很难取得建设性的效果。

因此，我们需要仔细考虑3个至关重要的问题：

（1）我是谁？

（2）我是什么样的人？

（3）我想成为什么样的人？

其实你无法很快找到这些问题的答案。你需要斟酌考虑，拿出纸和笔，边思考边记录。在每张纸上写出一个问题，然后在上面列出你想到的所有答案，至少花一周的时间来思考这些问题。你对自己的了解越多，越明白自己的优势、愿景和需求所在，你就越容易找到适合自己的道路，也就越容易确定适合自己为之奋斗的目标。接下来，你就可以有针对性地做事，能够更关注于你喜欢做而且能做出成果的事。你的精力就像一束激光射线般专注，不会产生过多的浪费现象，更不会漫无目的，什么都去关注，到头来“样样都会，却无一所长”。

为自己点亮希望的明灯

每个人对自己的未来之路都有着美丽的设想，憧憬着前行的路上挂满五彩斑斓的希望之灯。但是，生活中总是有很多事情不尽如人意，总让我们在窘迫的现实面前陷入深深的失落与迷惘中，这时的你，最需要的是一盏希望的明灯，引领你走向人生的辉煌。

1. 梦想为人生带来希望

人生之美，美就美在追逐梦想而不仅仅是实现梦想。有梦想的人生才是美丽的人生，才是最有希望的人生。

人可以一无所有，但不能没有梦想。一个人没有梦想，就无法实现任何目标，也得不到想要得到的。人没有梦想，生活就没有了目标，没有了目标，生活也就失去了希望。人生有了梦想，就有了奋斗目标，就能为实现目标去努力，每天都能活在期望里，生活就会非常有意义。

人的一生短暂而平凡，能够成为伟人的屈指可数。大多数人在人类进程中只不过是一颗流星，转瞬即逝。因此，有人感叹“人生苦短”。但是，当一个人连最后的梦想都已死去时，除了把他埋葬之外，已无什么事可做了。的确，没有梦想，又哪来的生活和希望？如果你看不到未来的你，那跟死了又有什么差别呢？你必须追求梦想。一旦开始追逐梦想，生命便会苏醒，每件事都充满了意义。你将会发现，混日子与专注于个人钟爱梦想的两种生活差别到底有多大。

我们会成为什么样的人，会有什么样的成就，就在于定了什么样的目标。倘若开花是树的梦想，那么结果就是梦想的兑现。不同的梦想产生不同的果实，滋味也各有不同。梦想无好坏大小高低贵贱之分，它只是人们心中的一颗星，在天空闪闪发光，指引你前进的方向。

不管梦想是否能成真，在我们实现梦想的过程中，只要努力了，就不要在意结果，而重视过程，活在过程中的人，才能过得有滋有味，有乐趣。人生之美，美就美在过程，而不是结果；人生之美，美就美在追逐梦想，而不仅仅是实现梦想。

你的梦想是什么？你想成为什么样的人？能说出自己梦想的人，就会比没有梦想的人有更多的机会去实现他们的梦想。如果你有梦想，就努力去实现你的梦想吧，美好的希望在向你招手！如果你没有梦想，就好好想一想，让自己拥有一个梦想吧，有了梦想，你会觉得生活更有意义。

2. 人生最好的礼物是拥有希望

带着希望上路，满怀希望地迎接新的太阳，人生之乐，也许就在于此。

希望看似无形，其实是股强盛的生命力。拥有它走人生的路，犹如生命有了后盾，生活有了前瞻，进退有靠有据，不会茫然惶恐。没有希望，生活容易疲乏，生命欠缺光彩，不知不觉中，已成为行尸走肉，生命的游魂，过一天是一天，度一年算一年，生活已无意义，生命已失价值。

亚历山大大帝远征波斯出发之前，将所有的财产分给了臣下。大臣皮尔底加斯感到有些疑惑，问道："陛下，你带什么起程呢？"

"希望，它是人生最好的礼物。"亚历山大回答说。

听到这个回答，皮尔底加斯说："请让我们也来分享它吧，财产不是我们最想要的。"于是，他谢绝了分配给他的财产。

亚历山大带着唯一的希望出发，却带回来所要征服的全部。

在人生的四季中，不尽是秋天收获的喜悦，也有寒冬的冰冷和萧索。我们在追求成功的旅途中，不尽是掌声和鲜花，也有挫折和泪水。所有的这一切都是我们即将要面对和正在面对的，但是，只要我们心存美好的希望，我们就能从容地面对生活的得失，穿越人生的悲苦。

3. 播下希望的种子

为自己的希望而努力，播下希望之种，才能在人生中有所收获。

每个人都有各自的希望，人生的各个时期也都有不同的希望。成就人生的人，有了希望后懂得为自己的希望而努力，播下希望之种，才能在人生中有所收获。

人生道路不会一路平坦，经历坎坷才能见彩虹，经历了坎坷的人生，才是完美的人生。坎坷丰富我们的人生，只要坚定实现希望的信念，我们就能走出人生的沼泽地。

在语文课上，老师给小学生出了一道作文题："我的志愿"。

一个小学生在他的本子上飞快地写下了他的梦想："我希望将来能拥有一座占地十余公顷的庄园，在辽阔的土地上种满茵茵绿草。庄园中有无数的小木屋、烤肉区及一座休闲旅馆。除了自己住在那儿外，还可以供前来参观的游客分享，有住处供他们休憩。"

这位小学生的作文被老师要求重写。他仔细看了看自己所写的内容，并无错误，便拿着作文去请教老师。

老师告诉他："我要你们写下自己的志愿，而不是这些梦呓般的空想，你知道吗？”

小学生据理力争：“可是，老师，这真的是我的志愿啊！”

老师坚持道：“不，那不可能实现！那只是一堆空想。我要你重写。”

小学生不肯妥协：“我很清楚，这才是我的梦想。”

老师摇头：“如果你不重写，我就不会让你及格。”小学生坚决不重写，而那篇作文最后只得到了大大的一个“E”。

30 年后，这位老师带着另一群小学生到一处风景优美的度假地旅行，尽情享受着无边的绿草、舒适的住宿，以及香味四溢的烤肉。而这个地方，恰恰就是那位得“E”的学生的度假庄园。

坎坷的人生才是精彩的人生，那位得“E”的学生在经历多次失败以后，吸取教训，终于走向了成功。

每个人离梦想的距离都是相等的，只要你拥有希望，勇敢地面对困难，不要有畏惧心理，并不断地坚持下去，你就会发现，你离希望的距离越来越近。

4. 有希望就不会绝望

调整好自己的心态，从自己身上挖掘到希望的种子，最终就会走向成功。

在生活中，不少人面对激烈的竞争时常显得措手不及，面对强手始终觉得自己是一个弱者，随时都有可能被迫退出人生舞台。但纵观历史的长河，不难发现，有很多大师都是历经磨难，通过调整自己的心态，从自己身上挖掘到希望的种子，最终走向成功。

把愿望放在你能够到的地方

现实生活中，很多人对自身没有进行正确的定位，总是一味地抱着好高骛远的心态对待生活、对待工作，总是幻想着自己一下子就能步步高升，很快就可以成功跻身富人的行列，过着名利双收的美好生活。其实，这样的幻想对你没有任何好处，因为在这不着边际的妄想中，很多人开始不顾自己的实际情况，放弃了踏踏实实的努力，距离成功越来越远。

“不经一番寒彻骨，哪得梅花扑鼻香。”这是老生常谈的道理，却又是最重要的道理，从巴菲特、李嘉诚、比尔·盖茨到郭台铭、马云、王传福……所有成功者无一例外不是经历了一段漫长的煎熬期、奋斗期、等待期，才拥有了骄人的业绩。究其成功的根源，那就是这些人从来都不好高骛远，他们无一例外的都是把目标设置在自己够得着的地方，脚踏实地一步一步实现自己的梦想的。

俗话说：“有舍有得。”人在得到一些东西的时候，必定会失去一些什么。正正经经、踏踏实实地奋斗，失去的是时间，但是却收获了踏实、心安和喜悦；而那些依靠不当手段获胜的人，伴随他们的一定是痛苦、不安和屈辱。若干年后，别人在为双手换来的成功庆贺时，他们可能就在为曾经的作为悔恨不已。

除此之外，把自己的愿望、目标放在自己能够得着的地方，还可以让你对其保持强烈的欲望，非常有效地激发你的潜能，让你的梦想实现起来事半功倍。

那么，我们究竟该怎样设置合适的目标呢？怎样才能让目标更快地实现呢？

1. 立足现实

对现实、对自己有客观公正的认识，就不会好高骛远，就会一步一步地把自己想做的事情做好、做对、做透、做精。很多时候，成功其实很简单，哪怕这个过程有点漫长，但只要你一直坚持下去，成功或许就在不远的地方等着你。不容否认的是，成功没有快捷方式，没有所谓的“天上掉馅饼”，有的只是从我们懂事那天开始，计划好每一件事每一个阶段，认认真真地对待。

2. 多听听别人的意见

很多时候，也许你可以凭着能力、实力得到一定程度的发展，但是对于一些情况往往是“旁观者清”，加上有些人可能比你更有经验，对于如何取得成功可以给你不少有效的建议，这时，听听他们的意见可以让你少走很多不必要的弯路。所以，我们可以和身边的人多接触，在以后的奋斗中与他们亲密地交往，虚心请教，这样你才不容易偏离前进的轨道。

3. 自己创造条件

把目标放置在自己踮脚就能够得着的地方，当然不仅仅是只有缩小目标这样一个方法，除此之外，你还要懂得自己给自己创造成功的条件。成功只能靠自己，绝对没有捷径。认真分析成功的路上你需要什么条件，如果是知识不够，那么工作之余你就要花时间学习新的技能、知识；如果是资金不足，你就要想尽一切办法凑足资金……没有辛勤的耕耘，就没有丰硕的收获。路就在我们每个人的脚下，如何走出精彩辉煌的一步，自己的选择至关重要，而不是依靠任何人的赐予。我们深信这样一点：只要你努力地付出了，就会有一份属于你的收获。这是亘古不变的道理。

“疯狂”地坚持做好一件事

“疯狂”是一种执着的追求，是一个人的行事风格。用“疯狂”的姿态去坚持做好一件事情，能激发人内在的潜能。

一个当年到西部去淘金的人，花了好几年的时间在一块地上挖掘，他相信那里有黄金。

一天又一天，他不断地挥动锄头，辛苦地工作。最后，失望的病毒侵袭了他，于是他极度无奈和绝望地把锄头往地上一摔，收拾好自己的行装后离开了那个地方。

几年以后，锄头生锈了，把柄也腐烂了，但在距这两件东西六尺的地方，竟有一个大金矿！

这个故事告诉我们一个道理：无论做任何事，坚持是起着决定性作用的。许多人常常没有毅力，做事半途而废。其实，只要再多花一点力气，再坚持一段时间，那些已经下大工夫争取的东西就会得到。英国诗人威廉古柏曾说："即使是黑暗的日子，能挨到天明，也会重见曙光。"

你知道石匠是怎么敲开一块大石头的吗？

石匠所拥有的工具只不过是一个小铁锤和一个小凿子，可是这块大石头却硬得很。当他举起锤子重重地敲下第一下时，没有敲下一块碎片，甚至连一丝凿痕都没有，可是他并不介意，继续举起锤子一下一下地敲，一百下、两百下、三百下，大石头上依然没出现任何裂痕。

可是石匠还是没懈怠，继续举起锤子重重地敲下去，路过的人看他如此卖力而不见成效却还继续硬干，不免窃窃私语，甚至有些人还笑他傻。可是石匠并未理会，他知道虽然还没看到成效，不过那并不表示没有进展。

他又挑了大石头的另一个地方敲，一锤又一锤，也不知道是敲到第五百下还是第七百下，或者是第一千零几下，终于他看到了成效，那不是只敲下一块碎片，而是整块大石头裂成了两半。

难道说是他最后那一击，使得这块石头裂开的吗？当然不是，是他一而再、再而三连续敲击的结果。如果我们能时刻保持不断努力实现目标的决心，就如那把小铁锤，一直不停地敲着，就一定能敲碎一切横在成功旅途上的巨大石块。

相信很多人都不能长久地坚持做一件事情，当我们决定做某一件事情的时候，总是有这样那样的理由迫使自己放弃做这件事情，其实，不是理由迫使我们放弃的，而是我们自己经不住诱惑放弃的。那么，我们怎样才能坚持做一件事情呢?

1. 去除自己浮躁的心，让自我安静

去除自己浮躁的心，不要再决定做某件事情的时候，只坚持了不到一个星期，就感觉到自己很大的成功，开始变得浮躁，开始告诉自己今天稍微放松一下，明天继续坚持，殊不知，结果就在这个稍微放松一下后，导致自己没有能够坚持下去。

2. 每天问自己，坚持完今天明天能不能再坚持一下

每天坚持做一件事情的时候，告诉自己，坚持过今天，明天还能不能够再坚持，哪怕再坚持明天一天，如果连明天都坚持不了，那么如何让自己一直坚持做一件事情呢?

3. 心烦时迅速调整状态

当我们出现心烦状态的时候，也正是我们意志力最不坚定的时候，一旦心烦影响到了自己原本坚持的事情，就会立即坚持不下去！所以，当我们心烦的时候，或者去跑跑步，或者去听听音乐，千万不要任其发展！

4. 自己能够坚持的事情不要说给其他人听

也许你们会问为什么。这个其实也是我在前段时间报纸上了解的，就是自己坚持的事情，说出来的比没说出来的人更不容易坚持，而且经过一段时间的观察，事实也确实是如此。

5. 给自己找一个竞争对手

这个其实和给自己定一个目标差不多，都是把自己放在一个位置上，这样时刻告诫自己，如果自己不努力，将会怎样！

6. 要看得起自己

我们在开始准备做一件事情的时候，一定要告诉自己能够完成，千万

不要中途泄气，看不起自己，认为自己不能够坚持完成一件事情，因为我们一旦泄气，一旦看不起自己，我们就有可能破罐子破摔，不继续坚持这件事情。

失败是因为你的愿望不够强烈

她，只是非洲贫困农村的一位普通家庭妇女，30 多岁，只读过小学一年级，抚养着五个孩子，还要忍受身患艾滋病丈夫的暴力——在这种现实情况下，她还能有多少追求?

但是，2009 年，在她 44 岁的时候她如愿以偿地获得了美国西密执安大学的哲学博士学位。这位创造奇迹的女人就是——特莱艾·特伦恩特，其实，特莱艾的梦想很简单，就是对学校、对教育的渴望。

特莱艾·特伦恩特出生于津巴布韦的一个贫穷无比的小村落，只上了一年的小学便被父亲打发回家，无奈之下，她只好偷偷地让哥哥教她读书写字。在她做功课的石头上，她用力地写下了自己的梦想：出国留学，读完学士、硕士和博士。但是命运就是那么不公，刚刚 11 岁的时候，父亲就把特莱艾嫁给了在整个婚姻生活中不断毒打她的这个丈夫。

时间悄无声息地流逝，她成了五个孩子的母亲。在很多人眼中，她“出国留学”的梦想更像是一个美丽的泡沫，根本没有实现的那一天。然而，她并不屈服，她通过国际援助组织的帮助，克服困难，攻读函授教程，从小学一直补到高中，最后被美国俄克拉荷马州立大学录取进行本科学习。我们不难想象，出国留学的生活对这个非洲女性而言是何等艰难。特莱艾不能狠心丢下自己的孩子，只能带上丈夫一行七人来到美国。为了维持这个家，特莱艾只能打好几份工，抓紧一切可以利用的时间学习。庆幸的是，在一些好心人的帮助下，她边上学边照顾孩子和艾滋病晚期的丈夫，一直咬紧牙关坚持着。她相信，这一切都会过去的。终于，特莱艾用自己的毅力和智慧战胜了一个个困难，她很顺利地完成了关于非洲艾滋病预防的博士论文，并在丈夫死后和一个病理学家喜结连理，开始了全新的人生。

她的事例让我们相信：阳光总在风雨后。是啊！一个只上过小学一年级的、有了五个孩子的非洲妇女，因为对教育、对知识的强烈渴望，成功出国留学，并取得了成就，这是怎样一个了不起的女人啊！我们在对她肃然起敬的同时，也明白了强烈的欲望对人的推动力。

在大千世界，为什么同样是人，有的人富有、成功，有的人平庸、穷困？也许有人会把这一切归结于能力。那么，我们不禁要问，难道能力是与生俱来的吗？科学研究表明，人的天赋确实存在差异，但这差异几乎微乎其微。事实上，真正的原因是你没有对财富、对成功的强烈欲望，没有欲望就无法激起你潜在的能力，于是，现实生活中你只好沦落芸芸众生之中的一员。

很多时候，你可能会对这样一个问题疑惑不解：为什么成功的永远只是一小部分人？其实，这个问题的答案很简单：因为他们强烈的欲望并不是每个人都有的。成功的两个要素是欲望和意志力。欲望是第一个要素，没有对成功的欲望就没有了追求的方向，当然也就没有成功；意志力是催化剂，不断将你推向前。两者应该说是相辅相成、相互促进的。强烈的欲望会带来坚定的意志力，而坚定的意志力又会不断深化强烈的欲望。在两者的共同作用下，我们才能取得成功。

现实中，有很多人对未来总是抱有侥幸的心理：说不定哪一天可以碰上一个好机会，说不定哪一天就会飞来横财，说不定哪一天可以遇到一个好领导对自己青睐有加，自己可以平步青云……殊不知，这就是人生的投机心理，这种人只有幻想，要知道，天下没有免费的午餐，只有付出才有收获。

马云说过这样一句话：“今天很残酷，明天更残酷，后天很美好，但大多数人死在明天晚上。”能不能等到后天的美好在于你有多大的欲望，在于你能为梦想坚持多久，而这样的一种欲望会极大地激发你体内的潜能，可以让你在人生路上绽放出自己的光彩。

欲望多大，成功的概率就有多大！所以，要正视自己内心对成功的渴望，并把这种渴望激发出来，从而挖掘出自身的潜力，拥抱成功。

勇敢就是打开潜能宝藏的钥匙

潜能是一座巨大的宝藏，勇敢就是打开这座宝藏的钥匙。

我们常听说，天赋、运气、机会是成功的关键因素，不过，通过成功人士的考察，你还会发现他们身上都有这样的特点：敢想敢做，而且敢于面对失败。

敢想不是空想，更不是胡想。敢想是一种勇气，不怕做先例的破坏者，不畏惧做第一个吃螃蟹的人。敢想，可以使一个人的能力发挥到极致。

柯特大酒店位于美国加州的圣地亚哥市，是一家历史悠久、生意兴隆的老牌酒店。随着社会的发展、游人的增多，该酒店原先的电梯不可避免地显得过于狭小。酒店老板决定更换旧电梯，于是他重金聘请了全国技术一流的建筑师和工程师，商讨设计改建方案。

专家们经过详细的计算和激烈的讨论，得出的结论是：为了更换一部新电梯，酒店必须停业一个月。当时正是旅游旺季，酒店老板无论如何都不能接受这个决定。于是他一再要求专家们再看看、再想想，是不是还有其他的办法。可是专家们强调，这是唯一的办法了。

此时，一名清洁工在拖地时听到了他们的对话。他下意识地插嘴道："如果是我，我会直接在屋子外边装上电梯。"

专家们顿时为这个新奇的想法诧异得说不出话来。这个方法可行，而且不影响饭店正常经营。最后这家酒店采纳这个以前从没人想到的新方法，不但没有停业，而且吸引了更多的顾客。这部装在屋子外面的电梯成了建筑史上的第一部观光电梯。

这个清洁工敢想，是因为他的思维没有定式，当专家们都在电梯太小—拆电梯—修新电梯的单向思维中转圈时，他跳出了这个窠臼，所以，他让思维爆发出惊人的火花。

敢想，还要敢干。这个清洁工想到了，而且说出来了。试想，有多少好想法是扼杀在人的大脑中的？如果当时的这个清洁工犹豫一下：这些事是专家们的事，跟我无关，我多什么嘴？万一说错了，惹人耻笑事小，说不定老板觉得我不稳重，会炒我鱿鱼呢？可能他再也不会开口，而是继续认真拖地。那么，建筑史上的第一部观光电梯的诞生，就不知要延后到哪年哪月了。

所以，行动才是力量。唯有行动才可以改变你的命运。对跋涉在成功道路上的人来说，只要捕捉到机会，一定要善加运用，同时借助激情与坚定的意志，孜孜以求。只要有这样的信心和勇气，什么样的困难都会退避三舍。

你知道从非洲走到美国有多难吗？一个十六岁的男孩做到了。他叫黎格逊·凯伊拉，住在非洲马拉维北部的一个小村落里。有一天，当他看了《林肯传》之后，深受感动，他与妈妈商量："我想走到美国去上大学，您会让我去吗？"

可能所有人听到孩子这样说都会觉得这个孩子疯了。不过他妈妈并不知道美国在哪里，所以她不假思索地说："你可以去，什么时候动身呢？"

黎格逊·凯伊拉知道从非洲走到美国，有无数的崇山峻岭，更要渡过江河湖海。然而也许是非洲的土地赋予了他敢想也敢做的勇气，他很冷静地说："我明天就出发。"

第二天，他带着妈妈准备的玉米饼就出发了。

他从一个村子出发，到下一个村子休息，用工作的方式解决吃住问题。当他穿过了乌干达，找到了喀土穆当地的美国领事馆，他得到了热心的美国领事的帮助。

几个月之后，在史卡吉特谷学院的大力帮助下，凯伊拉穿着平生第一套学生装和第一双鞋子，如愿以偿地走进了学院的大门。

凯伊拉说："当上帝把一个看似不可能实现的梦想放在我们心中的时候，就已经是对我们的莫大关爱了。我们要牢牢记住，在任何艰难险阻面前，都没有气馁的理由。如果气馁了，就要鞭策自己，马上振作起来。只要我们唤醒了自己心中的巨人，就会拥有激情、勇气和力量，就会义无反顾地向前、向前、再向前。"

只要你敢，在这个世界上，没有登不到顶的山，没有渡不过去的河，也没有走不完的路。很多人不敢"做"的真正原因在于害怕失败，在于恐惧。我在讲推销课的时候发现，不少推销员用来克服恐惧的办法是在客户住地边徘徊，或者去某个咖啡店小坐，以培养勇气和信心。其实，这样做的效果并不好。

最好的办法就是：立刻去做！许多上台演讲或者表演的人都有过这样的经验：在台下时常常会心神不宁，觉得恐慌、焦虑，并且，等待的时间越长，担忧和恐惧就越强。而一旦上了台，往灯光下一站，那些紧张、恐惧和不安便立马烟消云散了。

人和人先天的性格本来就是有差别的，有的懦弱害羞、内向沉静；而有的坚强勇敢、热情开朗，这无可厚非。不过，无数成功的例子表明，成功总是属于那些喜欢挑战并能在与困难作斗争的过程中坚持胜利的人。

所以，不论你先天拥有何种基因，后天对自己的塑造都非常重要。有意识地用勇敢、自信的念头，取代无助、退缩的想法，你会发现，内心深处的愿望，必将帮助你找出解决问题的办法。因为两种相对相克的东西不能同时共存于同一点。

当我们有一个好的想法或者面临一项艰巨的任务时，不要犹豫，迅速行动，敢于面对可能会出现的失败。相信自己，而行动本身也会为你增强信心，帮助你在面对狂风暴雨时镇定自若。这样，就算你一不小心陷入泥淖，也能迅即解脱，继续前行。

人生成败，全系在一个"敢"字，敢想，而且敢做，并且永不气馁，永远按照积极思维的原则努力，这就是凯伊拉能从非洲赤脚走到美国的根本原因，也是大多数成功者共同拥有的气质。

 潜能开发实操

练习1：认清“我是谁”

请不要直接说出你的名字——我们不会在这里提这么简单的问题。那你到底是谁？你有哪些特点？你的优、劣势有哪些？你特别喜欢什么？对什么事情你无法忍受？将你的答案分门别类成三组：积极的、中性的和消极的。

1. 我是什么样的人？

积极主义者/悲观主义者（　　）

喜欢社交/喜欢独处（　　）

理智型/情感型（　　）

有运动员特质的人/有思想家特质的人（　　）

有艺术家特质的人/有技术员特质的人（　　）

2. 现在请仔细思考一下你的强项和弱项。你都想到了哪些？

我的强项有：

____

我的弱项有：

____

3. 你的伴侣、家人、朋友和同事怎样看你？他们认为你身上有哪些特质？

4. 是什么使你如此受欢迎？

5. 为什么有的人不喜欢你？

练习2：你是什么样的人

该部分内容不仅会涉及你所处的社会地位，还包括你的自我认知。

有没有人把你当作榜样？

你是不是很健康——不管是身体上、精神上还是心灵上？

你热爱生活吗？

你目前的生活中遇到哪些瓶颈，为什么？

我的性格特征是什么？

雄心勃勃（　　）

勤奋向上（　　）

充满好奇（　　）

激情无限（　　）

其他（请注明）：________________________________

或许你现在已经很确定一点：你身上有一些明显的缺点，可能你并不如自己所期望的那么耀眼。许多人认识到这一点，就好像突然一下子站到了一面镜子前。这种视角非常有益于身心健康，也就是说，对于生活至关重要，因为如此一来你才能真正创造一个基础，在这个基础之上，你能够让你自己和你的生活有所改变。

练习3：你究竟渴望得到什么

长期以来，做什么会让我感到高兴？

____

什么能够为我内心带来喜悦？

____

长期以来，什么东西会让我感到生气？

____

什么会让我感到了无生趣？

____

你真的清楚自己到底想要什么吗？

____

第四章

将潜能集聚于你的目标

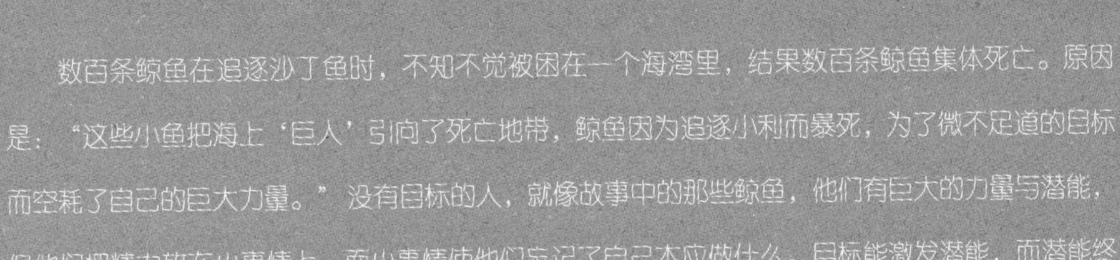

数百条鲸鱼在追逐沙丁鱼时，不知不觉被困在一个海湾里，结果数百条鲸鱼集体死亡。原因是：“这些小鱼把海上‘巨人’引向了死亡地带，鲸鱼因为追逐小利而暴死，为了微不足道的目标而空耗了自己的巨大力量。”没有目标的人，就像故事中的那些鲸鱼，他们有巨大的力量与潜能，但他们把精力放在小事情上，而小事情使他们忘记了自己本应做什么。目标能激发潜能，而潜能终将在坚定的目标中实现。

目标是潜能的灯塔

如果没有目标这座灯塔，潜能仿佛永远置身于黑暗之中，看不到未来。

常常会有人感慨自己命运不济、身临绝境、无路可走，殊不知，这看似极为可怜的处境并不是最糟糕的，最糟糕的是人的心态，是他们对自己的目标没有清楚的认识。

其实，路无处不在，目标让自己可以有更多的选择，潜能可以让选择变成现实。有《西游记》主题曲“敢问路在何方？路在脚下”这样的精辟之语为证，也有鲁迅先生的“地上本无路，走的人多了，也就成了路”这样的传世之语为鉴。所以，有没有路关键还在于你自己，想不想释放潜能也需要看你自己。不要抱怨自己一无所有，更不要认为自己一无是处。如果你有去往远方的目标在前，有足够的责任在心，肯为自己的目标而不断鞭策自己，勇敢地迈出每一步，那么，路就在脚下，你总会走出一条属于你自己的康庄大道。

每一个成功的人都是一个积极乐观的追梦者，他们虽不是压路机，却胜似压路机。因为压路机只能机械地压出一条条没有生命的马路，而他们却能够用目标和责任灵活地创造自己的人生之路，让自己在这条路上获得质的飞跃。

由此可以看出，路—责任—目标是处在一条直线上的三个因素，它们互为前提，互为结果，只有将它们完美地统一起来，才会成功在望。

作为我国著名的生物学家，童第周可是一个了不起的追梦人。他用自己的责任心勇敢地披荆斩棘，让自己坎坷多舛的人生之路变得顺畅，从而实现了自己的目标。

1902 年，童第周出生于一个偏僻的小山村，当时由于家境贫穷，到了读书年龄的他，没钱上学，只好一边在家里帮工，一边跟着父亲识字。

由于基础太差，致使他到了 17 岁才勉强考上了一所中学，并毫无悬念地成了班里的倒数第一。一个学期下来，他的成绩仍然非常差，以致都惊动了校长。鉴于他年龄等各方面的原因，校长劝他退学。他再三恳求，才勉强被同意留下试读一学期。

第二个学期开始后，童第周拼命地学习，每天早早起床，晚上在校园的路灯下读书，等到同学们都睡了，他依然在路灯下学习。因为他要对自己负责，要为自己争取留下来继续学习的机会。

就这样，经过半年的拼搏，他终于在期末考试时以优异的成绩向校长证明了自己。拿到成绩单的那一刻，他在心里暗自鼓励："一定要争气，你不比别人笨，别人能做到的事情，你经过努力，也一定能做到，相信自己！"

就是在这样的自我激励下，他的学习成绩从此越来越好，不仅在高中毕业时以优异的成绩考入复旦大学，而且在学校里也是屈指可数的高才生。

由于他专攻生物学，大学毕业后，为了能够在生物学上取得更高的造诣，从而对国家在生物科学方面做出贡献，在亲友的资助下他远赴比利时留学。

然而，留学的日子并不好过，因为中国当时在国际上没什么地位，所以，他这样的中国学生总是遭受其他国家的同学欺负和老师的歧视，这让他觉得特别愤慨的同时，又暗暗下定决心，一定要为国争光。

有了这个目标后，他成了所有留学生当中最用功的一个。为了研究胚胎学，他们需要对青蛙的卵细胞膜进行剥除手术。这是一个难度很大的工作，许多人都失败了，唯有童第周通过一次又一次的试验，终于不声不响地完成了任务。

当他当众将所有的过程演示给大家看时，一旁的老师和同学们都向他投去了赞赏的目光，他终于凭着自己的艰辛付出赢得了尊重。

童第周用他的实际行动向我们证明：路在脚下，责任在心，目标在前，这三者是一个人成功的前提，只有牢记目标，肩负责任，才能保证脚下的路越走越宽，越走越远！

潜能是潜藏在海洋深处的宝藏，它绚烂多姿、广阔深邃，拥有别样的风光。但是如果你不去探索，就永远看不到这样的美丽。如果没有目标这座灯塔去照亮，你的眼前只能漆黑一片。所以，用远大的目标作为自己的人生坐标，让潜能爆发出无限的能量吧。

找到你生活的意义

很多人忘记了赋予生活一个意义。只有让生活具有了意义，生活才有价值。那些生活在无意义状态的人，实际上并不是真正快乐的人，他们会感觉到自己缺失了什么，总是试图通过参加更多的活动来弥补这个空白，但是这种方法只能短暂奏效。心里有缺失感的人常常在找寻什么东西，可找的具体是什么，他们也不清楚。这时，他们可能在寻找的道路上止步，因为他们感到缺失的东西全都缘心而起。豪华跑车、高薪工作、美女帅哥、奢华旅行……我们无法在所有这些东西中找到生活的意义，因为只有我们自己才能赋予生活以意义。因此，生活的意义也不会出现在为了成功的成功当中。

在改变世界的人当中，不仅有为数不多的“精英”和“斗士”，还有众多为社会进步贡献出一己之力的普通人。生活的意义，在于与大自然的步调一致，遵循自然法则和客观规律，与周围环境和谐相处，成为对他人、对社会有用的人。

1. 找到生活的意义

要对自己所处的位置有所了解，然后问问自己以下问题：

你当下的生活有哪些意义？

____

____

你努力的意义何在？

____

____

你的社会关系都有哪些意义——私人方面和工作方面的？

____

____

你想赋予未来的生活哪些意义？

____

____

2. 如何让生活更有意义

（1）生活要有自己的目标与追求。要给自己设定适当的追求与目标，不断地去想方设法达成，你就感觉每做一件事情都有意义，才会有自己的兴趣爱好，主动地爱上自己的工作和生活，每天都会活得很充实、很有价值。

（2）人要活得有尊严。俗话说，“树活一张皮，人活一张脸”，讲的就是尊严问题。每个人的尊严很重要，要有很强的自尊心，因为它是你的精神信仰和支撑你在人群中抬头挺胸的脊梁。

（3）不盲目。盲目的目标设定和盲目的自信只会毁了自己，有时候为了目标而不择手段更是可怕至极。

（4）做事持之以恒，培养坚忍的性格。培养自己坚忍的性格，遇到困难不退缩，迎难而上，勇敢地面对。慢慢地，这些都会成为你个人的一种习惯，成为你个人的一笔最了不起的财富，那是无价的，从而更加体现你的人格魅力，为你的成功人生打下坚实的基础。

（5）活到老，学到老，用知识来充实自己。学无止境，大概就是讲的这个道理吧。社会的发展，人类的进步，是通过不断的学习与探索而实现的。

（6）要有几个真正的朋友。人除了家庭之外，还要多交朋友，多结识一些志同道合的朋友，有困难一起面对，有喜悦共同分享，一起结伴走过精彩的人生。

明确目标，并专注于它

美国著名作家爱默生说：“生活中有一件明智的事，就是精神集中；有一件坏事，就是精力涣散。”

在漫长而又短暂的人生中，我们都会有着一些或大或小的目标，为了达到目标我们也不断地努力着。在这条通往目标的路上，可能是山花烂漫，也可能是荆棘丛生。当我们前行在荆棘丛生的路途中，可能会因为种种的挫折失去信心，退缩不前。但是也有着很多能够披荆斩棘的勇士，会被烂漫的山花迷惑了双眼，最终偏离了自己的轨道。看来，要实现自己的目标并非一件容易的事情，这需要我们专注于自己的目标，用自己的勇气和毅力，克服通往目标途中所遇到的种种挫折和诱惑。就好像良马在赛跑时，最好要戴上眼罩，这样马的眼睛就能不受旁边赛马和物体的影响，因为它的眼里只有终点、向前这样一个方向。

我们身边总有这样的一些人，他们一点也不聪明，最初创业的时候，没有学历，没有背景，可以说是一无所有，但最后他们却能够跻身全国的富翁行列，只因为他们做事的方式是专注于自己的目标，永不放弃。

任何人的精力都是有限的，所以，我们做任何事都应该精力集中，把自己所要做的事做到最好。倘若做事时三心二意，三天打鱼、两天晒网，就很可能使自己已有的成绩付诸东流。学习同样如此，如果你在学习的过程中精力分散，态度不端正，你就很可能用最长的时间学到最少的知识，甚至一点收获都没有。钢铁大王卡内基说：“把你所有的蛋放在一个篮子里，然后看住这个篮子，不要让任何一个蛋掉出来。”

在一家大型合资企业的招聘栏里，特别强调的一点就是每一个员工都一定要专注于自己的事情。否则，就不要到公司应聘，但是，因为薪水比较高，仍然有很多人抱着侥幸心理到这家公司应聘。当所有人排着长队等在办公室门口时，一位人事部的工作人员问：“你们都会阅读吗?”所有的人都回答：“会。”于是，这里的应聘者被一个接一个地带到一间办公室里，但是，有很多人最后都面露失望地走了出来。轮到玛莎时，那人问：“你会阅读吗？小姐。”

“会，老板。”

“那好，你跟我来。”于是，玛莎被领进那间办公室。

“你能读一读这一段吗?”坐在桌子后面的经理说着把一张报纸放在她的面前。

“可以，老板。”

“你能连续不断地朗读吗?”

“可以，老板。”

“很好。”他把这张报纸送到玛莎的手上，要求不停顿地读完报纸上的一段文字。阅读刚进行了一分钟，就有工作人员放出6只可爱的小狗，小狗跑到玛莎的脚边嬉戏玩耍。玛莎很想看一看这几只小狗，但是她知道自己现在的任务是读报纸。于是，尽管小狗们在她的脚边活蹦乱跳，甚至咬她漂亮的鞋子，她都没有放弃阅读。

最后，她终于一口气读完了。经理很高兴，问她：“难道你在读报的时候没有注意到你脚边的那些小狗吗?”

玛莎回答道：“是的，经理。”

“我想你应该知道它们的存在，对吗？”

“是的，经理。”

“那为什么你不看它们一眼呢？”

“因为你告诉过我要不停地读完这一段，所以我不会轻易放弃阅读。”

“你总是遵守你的诺言吗？”

“的确是这样，我总是努力地去做。”

经理听了她的回答，喜出望外，突然高兴地说道：“你就是我需要的人。明早8点来公司上班。我相信你会有很大的发展前途。”

“集中精力，心无旁骛”是每一个成功人士必备的素质，由于太多的人都喜欢玩小狗，所以他们不能集中精力做自己该做的事情。这就是成功者和失败者之间的差别。

集中精力地挖一口井要比精力分散地到处挖井强得多。莱特兄弟专心于飞机的发明，结果征服了天空；洛克菲勒专心于石油事业，结果成了石油大亨；福特专心于生产廉价小汽车，结果开创了自己的汽车王国；伊斯特曼致力于生产柯达小照相机，结果他不仅给自己带来了金钱，也为全人类带来了无比的乐趣；海伦·凯勒专注于学习写作，因此尽管她聋、哑、盲，但她最后还是实现了自己的作家梦……

所有的成功人士都是为了实现自己心中的远大目标而专心致志。许多人之所以没有成功，有很大一部分原因不是因为不够聪明，而是因为他们在学习和工作过程中总是吊儿郎当，不能够专心于自己要做的事，任何事都很可能轻松地将他们的注意力吸引过去，这样无疑会影响到他们的效率，阻碍他们的成功。每一个想要成功的人都应该明确自己的目标，并且专注于它。

世界上最软的是水，最硬的是石头，可是软水居然能够穿透硬石，靠的是什么？正是由于年复一年对于目标的专注与坚持不懈的努力。在成功的路上，你总会遇到障碍，但只要你朝着自己的目标坚韧不拔，永不放弃，勇往直前，障碍也会成为你成功路上的垫脚石。

如何明确目标，并专注于它呢？

1. 要明确目标

现实生活中总是充满着种种的诱惑和无奈，如果你的目标不够明确，对自己的目标没有足够的坚定和坚持，只会让自己偏离应有的轨道，失去自己的人生目标，最终变得碌碌无为。所以，当你确定好了目标，就要时刻提醒自己，特别是前行的道路上出现一些小插曲的时候，更是要给自己提个醒。你可以把自己的目标写下来，贴在房间里，或者随身携带，每天用此激励自己，不让自己迷失方向。

2. 不做半途而废的人

坚持很难，可半途而废很蠢。不要半途而废，无论遇到什么困难，你都要相信自己能，用“能”这份力量支撑自己，坚持了才能真正看到结果。

3. 做多少不是目的，做多好才是追求

一定要记住，做得多，并不代表做得好、做得精。你做好了，做到位了，真的付出心血了，那功夫自然不会负有心人。

生命之路总是充满了挑战和障碍，成功永远都在转弯处，而三心二意或轻易放弃的人是无法把握机会的。亲爱的朋友，如果你喜欢某件事情，如果你真的热爱它，就不要轻易放弃。在你坚持不下去的时候，你只需要再坚持一下，就可以迎来胜利的曙光！

避免目标过于分散

目标过于分散是导致失败的又一重大原因。如果包揽的事务过多，不论巨细，事必躬亲，那么结果就可能是一件事也办不成。

一位房地产商说："我现在终于明白了，从今以后我再也不试图一下子去做很多事，只从一座房产做起，然后慢慢发展成两座，等信贷增加，再扩大其他经营项目。我要考验一下自己的能力极限!"

在此之前，有一天银行通知他，称他经营的项目属于盲目发展，决定停止信贷。于是他的计划破灭了。起初，他抱怨银行，抱怨下属，不过后来他意识到，原来是自己的步子迈得太快了。由于自己要做的事太多，导致失去了主要目标和主攻方向。只要什么东西能够引起他的兴趣，他就把目标转向哪里，结果使得目标过于分散，分不清主次和轻重缓急。

后来他重新调整目标，把房地产作为主攻方向，经过很长一段时间的苦心经营，终于成为一位较有实力的房地产商。

许多成功人士都赞同这样一句话："一次做好一件事情的人比同时涉猎多个领域的人要好得多。"在太多的领域内都付出努力，难免会分散精力，最终一无所成。

18 世纪早期就读于牛津大学的圣·里奥纳多在一次给校友福韦尔·柏克斯顿爵士的信中谈到他的学习方法，并解释自己成功的秘密。他说："开始学法律时，我努力把所学到的每一点知识都好好消化掉。在一件事没有充分了解清楚之前，我绝不会开始学习另一件事情。我的许多竞争对手在一天内读的东西我得花一星期才能读完。但在一年之后，我依然清晰地记得这些东西，而他们早已忘得一干二净了。"

一个人如果对奋斗目标不明确，对琐碎的工作总是寻找遁词，懈怠逃避，他们注定是要失败的。如果我们把所从事的工作当作不可回避的事情来看待，我们就会带着轻松愉快的心情尽快把它完成。

瑞典的查尔斯九世在他还很年轻的时候，就对意志的力量抱有坚定的信念。每每遇到什么难办的事情，他总是摸着小儿子的头，大声说："应该让他去做！应该让他去做!"和其他习惯的形成一样，随着时间的流逝，勤勉用功的习惯也很容易养成。因此，即使是一个才华一般的人，只要他在某一特定时间内全身心投入某一项工作，也会取得巨大的成就。

福韦尔·柏克斯顿认为，成功来自一般的工作方法和特别的勤奋用功，他坚信《圣经》的训诫：“无论你做什么，都要竭尽全力！”他把自己一生的成就归功于“在一定时期内不遗余力地做一件事”这一信条的实践。

巴菲特说：“如果你没有做好持某种股票10年的准备，那么连10分钟也不要持有。”做了一辈子“股神”的巴菲特，并不是在随时买卖股票。“9·11”事件之前近10年，美国股市走牛，形势一片大好，多少人大把大把地买，大把大把地赚。但巴菲特却不为所动，以至于被一些人视为“过气股神”。然而，当一连串的打击把美国股市推入深渊，不少人血本无归、哭天喊地的时候，巴菲特却以稳健的投资避免了损失，仍在稳稳当当地赚钱。

他说他这几年几乎没有买进新股票，因为他还没有发现值得去买的。以美国股票的数量和质量，要想挑出一两只值得买的股票简直易如反掌，不过他偏偏选不出来，可见他的要求之高，眼光之独到。既然准备持有10年，就必须要有绝对的把握，没有绝对的把握，他宁可不做。

实际上，人生也是如此。竭尽全力做好一件事就等于成功，甚至一生只要做好一件事，你便可稳操胜券。做事不踏实，就是因为目标定得太多，凡事都想抓住，结果反而一个也抓不住，所以要避免目标过于分散。

集中你的精神，专注你的思考

专注心神，集中注意力，体现无限力量。知识是有思想的人的一个工具。科学把握思想的创造性力量，生活中的任何目标都可以得到完美的实现。

理想具有稳定性和确定性，不能频繁乱换！要专注，防止漫无方向的努力和无用功，要向着愿景中的某些特定的目标努力。专注，集中你的精神能量，排除一切杂念的干扰。专注能提高效率，能使目标明确，成就非凡。不断前进，避免后退。

简单的专注能力是人类与生俱来的本领，婴儿和蹒跚学步的孩子一直都在使用它，但他们只是在观察。当你练习这个技能的时候，你会逐渐地发展成每天能多次转入专注状态。这是一种完全不同的存在方式，阻止了压力，因为没有必要意识到自我，没有必要同其他人比较，没有必要抱怨过去或思考未来。

拥有这种心境是种幸福，你可以通过练习专注意识获得。这里介绍一下练习专注意识的好方法。

1. 做好练习准备

找到属于你自己的 10 分钟。你可以在户外，或者在大型写字楼或旅馆的大厅里，或者在车里，只要车没开就行。你所需要的就是坐着，并且确信几分钟之内无人打扰，舒舒服服地坐着，整理好衣服或眼镜，避免因拖拉或挤压身上的什么地方而转移你的注意力。为了舒服，你可以把双腿分开，双脚平放在地上，双手放在大腿上。再次检查自己的身体，确保你处于放松状态。

2. 注意你的呼吸情况

现在，开始考虑你正在呼吸这一事实。不要小题大做，只要这样注意就可以了：每隔几秒钟，空气都会吸入、呼出我的身体，而且，空气进入鼻子和嗓子的时候有一点点凉。我能感觉到，随着空气的进入，胸腔在膨胀。当我感到更放松的时候，肚子也在膨胀。这时肺也是满满的，所有的活动都在瞬间停止。然后，我呼气。现在，温暖的气体从身体里呼出来，胸腔缩小了。花 1 分钟左右的时间注意这些。如果你的思想游走了，不再为呼吸的奇迹而停留，那就放走你思想抓住的任何东西，再将注意力拉回到空气的吸进和呼出上。呼吸是一件很好的事情，它将生命的活力带进来，把消耗的废物带出去，使你精力充沛。只要坚持回到呼吸上来，你就会慢慢停止走神。

3. 注意你周围发生的事情

这个转变需要你小心翼翼，因为你会发现，有些话会像洪水般淹没你的大脑：事情看起来怎么样？事情这样好不好？她穿的是什么？谁给她做的头发？如果出现这种情况，你可以慢慢将浮想联翩的思绪拉回到呼吸上，告诉自己："吸进，呼出……"同时，做着呼吸的动作，直到你能好奇地留意周围的世界，而不是对事情做出没完没了的评论为止。这样做的目的是去欣赏、去感知，允许自己去看、去听、去闻，用心平气和、没有批判性的心态去感受。

4. 转向持续的专注练习

最终，你将由偶尔练习专注于这个世界，转向持续练习专注于你自己的想法和认识。想想吧：你可以像观察外部世界一样观察自己的想法和行为，没有无休无止的评判，只允许保持自我。如果你发现有什么事情想要改变，那就改变吧，但开始时要任由自己保持本来面貌，培养一种好奇的态度去了解自己的心理正在经历着什么。这种类型的自我接纳是你需要重新学习的，因为物质主义与竞争的文化迫使我们抛弃了它，而你可以将其重新找回。

合理制订未来计划

不论是过去、现在还是未来，问题会一直存在：个人问题、职业问题、金融问题、经济和政治问题。如果我们在处理这些问题时有意识地带上我们的热情、干劲儿和信仰，那么我们就能真正地开发利用自己的潜能。"未来一定会为我而来"，未来主义者如是说。乐观主义者期待未来的到来，悲观主义者却带着不相信的态度摇摇头。单单是有所期待远远不够，你还要行动起来：制订准确的未来计划，合理分配你的时间。

1. 分配好现在的时间流向

要想规划好未来，就要从规划每一天开始。

（1）7：30 起床。英国威斯敏斯特大学的相关学者通过研究指出，人如果早上 5：22—7：21 起床，其血液中有一种导致心脏病的物质含量会增高，所以，在 7：21 之后起床更有利于身体健康。一醒来，就将灯打开，这样将会重新调整体内的生物钟，调整睡眠和醒来模式。另外要喝一杯水。水是身体内成千上万化学反应得以进行的必需物质。早上喝一杯清水，可以补充晚上的缺水状态。

（2）7：30—8：00 洗漱。要在早饭之前完成洗漱，这样会在牙齿表面形成一层含氟的保护层，起到保护牙齿的作用。如果这个不可行的话，就在早饭之后半小时刷牙。

（3）8：00—8：30 吃早饭。早饭必须吃，因为它可以帮助你维持血糖水平的稳定。如燕麦粥等，这类食物具有较低的血糖指数。

（4）8：30—9：00 避免运动。来自布鲁奈尔大学的研究人员发现，在早晨进行锻炼的运动员更容易感染疾病，因为免疫系统在这个时间的功能最弱。步行上班。马萨诸塞州大学医学院的研究人员发现，每天走路的人，比那些久坐不运动的人患感冒病的概率低 25%。

（5）9：30 开始一天中最困难的工作。纽约睡眠中心的研究人员发现，大部分人在每天醒来的一两个小时内头脑最清醒。

（6）10：30 让眼睛离开屏幕休息一下。如果你使用电脑工作，那么每工作一小时就让眼睛休息 3 分钟。

（7）11：00 吃点水果。这是一种解决身体血糖下降的好方法。吃一个橙子或一些红色水果，这样做能同时补充体内的铁含量和维生素 C 含量。

（8）13：00 在面包上加一些豆类蔬菜。你需要一顿可口的午餐，并且能够缓慢地释放能量。烘烤的豆类食品富含纤维素，番茄酱可以当作是蔬菜的一部分。

(9) 14：30—15：30 午休时间。雅典的一所大学通过研究指出，每天中午午休 30 分钟或更长时间，每周至少午休 3 次的人，能够降低 37% 的心脏病死亡概率。

(10) 16：00 喝杯酸奶。这样做可以稳定血糖水平。在每天三餐之间喝些酸牛奶，有利于心脏健康。

(11) 17：00—19：00 锻炼身体。根据体内的生物钟，这个时间是运动的最佳时间。

(12) 19：30 晚餐要少吃。晚饭如果过量的话，血糖就会升高，给消化系统带来负担，进而影响睡眠。晚饭要尽量以蔬菜为主，少吃富含卡路里和蛋白质的食物。

(13) 21：45 看会儿电视。看电视有助于放松神经，帮助提高睡眠质量，但要提醒大家的是，尽量避免躺在床上看电视。

(14) 23：00 洗个热水澡。体温的适当降低有助于放松和睡眠。

(15) 23：30 上床睡觉。假如你是早上 7：30 起床的话，现在就到了睡觉时间了。

2. 为未来规划好时间流向

职业生涯规划应充分考虑人、环境、职业与成功的事业生涯之间的关系。那么如何规划职业生涯呢?

以下是具体的规划职业生涯应考虑的因素和步骤。

(1) 确定志向。志向是获得成功的基本保证。如果一个人没有志向，成功就不可能降临到他身上。有句话说得好："志不立，天下无可成之事。"立志是人生的重要一步，它决定着一个人的理想、胸怀、情趣和价值观的实现，影响着一个人的奋斗目标及成就的大小。所以，在制定生涯规划时，首先要确立志向，这是制定职业生涯规划的关键，也是职业生涯规划中最重要的一点。

(2) 自我评估。自我评估就是要正确认识自己、了解自己。包括自己的兴趣、特长、性格、学识、技能、智商、情商、思维方式、思维方法、道德水准以及社会中的自我等。因为只有这样，才能够正确选择自己的职业，选择适合自己发展的职业发展路线。

（3）职业生涯机会的评估。职业生涯机会的评估主要是评估各种环境因素对自己职业生涯发展的影响，每一个人都处在一定的环境之中，离开了这个环境，便无法生存与成长。所以，在制定个人的职业生涯规划时，要分析环境条件的特点、环境的发展变化情况、自己与环境的关系、自己在这个环境中的地位、环境对自己提出的要求以及环境对自己有利的条件与不利的条件等。只有这样，才能做到在复杂的环境中避害趋利，使你的职业生涯规划具有实际意义。

环境因素评估主要包括组织环境、政治环境、社会环境、经济环境。

（4）职业的选择。职业选择正确与否，直接关系到人生事业的成功与失败。据统计，在选错职业的人当中，有80%的人在事业上是失败者。正如人们所说的“女怕嫁错郎，男怕选错行”。由此可见，职业选择对人生事业发展是何等重要。

届时应考虑以下几点：性格与职业的匹配；兴趣与职业的匹配；特长与职业的匹配；内外环境与职业相适应。

（5）职业生涯路线的选择。在职业确定后，要针对向哪一路线发展作出选择。也就是，是向行政管理路线发展，还是向专业技术路线发展；是先走技术路线，再转向行政管理路线……由于发展路线不同，对职业发展的要求也不尽相同。因此，在职业生涯规划中需作出抉择，以便使自己的学习、工作以及各种行动措施沿着你的职业生涯路线或预定的方向前进。

通常职业生涯路线的选择需考虑以下三个问题：我想往哪一路线发展？我能往哪一路线发展？我可以往哪一路线发展？针对以上三个问题进行综合分析，以此确定自己的最佳职业生涯路线。

（6）设定职业生涯目标。设定职业生涯目标是职业生涯规划的重中之重。有没有正确的职业目标，在很大程度上决定了一个人事业的成败。没有目标就像大海中与风浪搏击的小船，失去了方向，不知道自己的未来在哪里。只有明确了自己的目标，才能保证奋斗的正确方向，就像海洋中的灯塔一样，引导你避开险礁暗石，走向成功。目标的设定，是继职业选择、职业生涯路线选择后，对人生目标做出的抉择。其抉择是以自己的最佳才能、最优性格、最大兴趣、最有利的环境等信息为依据。通常将目标分为短期目标、中期目标、长期目标和人生目标。短期目标一般为 1 ~ 2 年，又进一步分为日目标、周目标、月目标、年目标。中期目标一般为 3 ~ 5 年。长期目标一般为 5 ~ 10 年。

(7) 制订行动计划与措施。行动是职业生涯规划中的关键一步。有了目标而没有行动，那目标就是一种空想，是不可能实现的，更谈不上事业获得成功。我们所说的行动，就是实现目标的具体方法，包括工作、训练、教育、轮岗等方面的措施。例如，为达成目标，在工作方面，你计划采取什么措施，提高你的工作效率？在业务素质方面，你计划学习哪些知识，掌握哪些技能，提高你的业务能力？在潜能开发方面，采取什么措施开发你的潜能等，都要有具体的计划与明确的措施。并且这些计划要特别具体，以便于定时检查。

(8) 评估与回馈。有句话说得好："计划赶不上变化。"的确，在实践过程中，职业生涯规划会受到多方面因素的影响。有些影响因素是能够预测的，而有些则无法预测。在这种情况下，要使职业生涯规划行之有效，就需不断地对职业生涯规划进行评估与修订。其修订的内容包括：职业的重新选择；职业生涯路线的选择；人生目标的修正；实施措施与计划的变更等。

潜能开发实操

练习 1：写下你的目标

目标类型	制定时间	我的学习目标	是否实现
长期目标			
中期目标			

续 表

目标类型	制定时间	我的学习目标	是否实现
短期目标			

说明：

1. 认真填写上表，或者依此制作一张大的表格，填好后贴在自己的床头或书桌旁。

2. 短期目标实现后，制订下一个短期目标。如果未达到，仍继续。一个中期目标达到后，另换一张表格。

练习2：请你做出有关目标的决定

请你观察你的分析结果，然后做出决定。从你的职业发展到个人事务，为你的所有目标进行轻重缓急的权衡和排序，在此过程中要注意多个领域的均衡发展，如要兼顾家庭、事业和娱乐。但是不要太贪心，你在一个领域中的目标应当不超过三个，否则的话，你的精力就会过于分散。

你每一个领域中的主要目标是哪个，这个目标有多重要?

你不光要按照纸上所写和理性思考做出决定，还要听听你的潜意识都说了些什么，不要忽略掉你内心的声音。

我的职业目标：

____

我的个人生活目标：

____

我的健康目标：

____

我的目标涉及的朋友和熟人包括：

____

我的目标涉及的自由时间和业余爱好包括：

____

第五章
唤醒潜能的“信念力法则”

如果把潜能比作一座大山，信念就是大山脚下稳固的基石。只有山脚的基石稳固，石块才能一点点堆积成山。你希望这座山有多巍峨，就需要让你的信念有多坚定。

信念是托起人生大厦的坚强支柱

有这样一个故事：

一位父亲和他的儿子一起出征打仗。父亲已做了将军，儿子还只是马前卒。在一次激烈的战斗中，父亲庄严地拿起一个箭囊，其中插着一支箭。他非常慎重地对儿子说：“这是家传宝箭，你把它佩戴在身边，将会获得无穷的力量，无论遇到什么情况，你也不要抽出来。”

那是一个雕刻精美的箭囊，用厚牛皮打制而成，镶着金黄色的铜边儿，再看那露出的箭尾，一眼就可认定是用上等的孔雀羽毛制作的。儿子甚是高兴，豪迈地想象着箭杆、箭头的模样，耳旁仿佛传来嗖嗖掠过的箭声，敌方的主帅应声落马而毙。

儿子佩戴着宝箭在战场上英勇无敌，所向披靡。当收兵的号角已经吹响时，儿子再也禁不住内心的喜悦，完全违背了父亲的叮嘱，强烈的欲望促使着他高喊一声，随后拔出宝箭，试图看个究竟。刹那间他惊呆了——一只断箭，箭囊里装着一只折断的箭。

“难道我一直带着断箭打仗吗！”儿子顿时吓出了一身冷汗，必胜的信念一崩而溃。

儿子最终惨死在乱军之中。之后，父亲拣起那柄断箭，心情沉重地说道：“不相信自己的意志，永远也做不了将军。”

这个故事充分说明了信念的重要性。

到底什么是信念呢？安东尼·罗宾曾对信念有过如下定义：“信念乃是对于某件事有把握的一种感觉。比如，当你相信自己很聪明，这时说话的口气便十分有力量：‘我认为我很聪明。’当你对自己的聪明很有把握时，就能充分发挥潜力，作出好的成绩。对于任何事，每个人都有自己的主见，即或不然也能从别人那里问得答案；然而自己若是个优柔寡断的人，亦即没有坚定信念或对自己实在是没有把握，那么就很难充分发挥所拥有的各种能力。”

人如果有了信念，就有了奔赴成功的动力，美国《信念的魔力》一书中提到：“信念是始动力，能够产生把你引向成功的无穷力量：它往往驱使一个人创造出难以想象的奇迹。”

信念，是托起人生大厦的坚强支柱。在人生的旅途中，不可能总是一帆风顺、事遂人愿。对一个有志者来说，信念是立身的法宝和希望的长河。信念的力量在于即使身处逆境，也能帮助你扬起前进的风帆；信念的伟大在于即使遭遇不幸，亦能召唤你鼓起生活的勇气。信念，是蕴藏在心中的一团永不熄灭的火焰。所以有人说，信念是人生成功的第一要素。

如果你希望主宰自己的人生，那么就必须好好掌握和坚定自己的信念。如果我们不坚定自己的信念，或者仅仅是有时才服从这种力量的引导，我们不会取得任何成果，甚至还会迷失人生的方向。

坚定的信念与强烈的信念的区别在于是否有行动的意愿。事实上，一个有强烈信念的人对于所相信的必然能够坚持到底，为了实现这个信念，他们不怕被人拒绝，不怕被人讥笑，不怕失败和挫折。

值得注意的是，抱持强烈信念的人有时是可虑的，就是因为他太相信自己的信念，以至于一味地死抱着不放，结果很可能会一败涂地。由此可见，有时坚定的信念或许比强烈的信念要妥当得多。不过，强烈的信念可以激励人心，促使人们付诸实际行动。耶鲁大学心理学及政治学教授罗伯·阿拜生曾说过：“强烈的信念乃是更有价值的动力，让一个人持久不懈地努力，以完成跟大众或个人有关的目标、计划、心愿或理想。”安东尼·罗宾指出，一个人要想成功，最有效的办法便是把信念提升到强烈的地步。因为只有坚定自己的信念，才会促使我们付出行动，扫除一切困难和障碍。

现在你要如何来坚定自己的信念呢？安东尼·罗宾给我们提出了如下建议：第一，要有一个起码的信念，然后不断吸收新的有力的依据，以强化这个信念。第二，给自己找一个印象深刻的例子或者借助想象力自创一个，让自己明白如果不这么做可能要付出什么代价，并且不断提出质疑以迫使这个信念达到深信不疑的地步。第三，付诸行动，因为每一次的行动必定会强化这个信念，使你越来越坚守这个信念。

要拥有实现梦想的信念

信念不仅决定现实，还决定你对现实的信仰。你的信念来自内心，来自你内心的最深处。如果你真的相信愿望能够实现，那么你就能赋予愿望很多力量。

你虽然相信自己能够实现梦想，但是脑海里还是出现了失败的情形，那么你就不是真正地相信自己能够实现愿望，所以你的信念当中就掺杂了怀疑，隐藏了不安与恐惧。一位驾驶教练总是对她的学徒说“我总是相信，人总要时不时地拐弯”和“相信就是不知道”，所以我们的转折点就出来了——你明白我们的理性再次发挥作用，你在突然发现这个道理之前或多或少也知道了这一点。对于理性来说，单单拥有信念远远不够；理性想要知道具体情况。信念的力量非常强大，你想一下那些因为强大的信念而取得成功的战役就能明白这一点。

让我们再回到我们的愿望和目标上。如果你真的相信自己的目标，其实你已经在内心达到了这个目标。

试想，你认为“一切皆有可能”，态度笃定而又坚定；你给自己设定了正确的行动理由，相信自己的愿望一定能够实现。这种坚定的信念能够给你的自我暗示和充满画面感的想象带来力量，而这些力量是你实现自我的动力源。只要你坚持上述的信念，你就一定能成功。

如果信念不强，也就是说还有怀疑存在，那么通向目标的道路上，漫长与艰难并存。如果信念非常坚定，那么你能移动整个世界。与信念紧密相连的是相信，相信梦想和愿望能够通过信念的力量实现。信念能够产生坚定的说服力。如果我们把信念比作150马力的发动机，那么说服力就是200马力的发动机。你可以想一下信念能够带来的负面影响，然后再看看信念能够帮助你达成哪些目标，带来哪些积极方面，也就是说将不可能变成可能。不论我们的信念是把我们带到积极的方面还是消极的方面，我们投入的精力都是一样的。

信仰，即最为坚定的信念，是最有力度的人类感情之一。如今，我们看到德国的很多教堂又开始人气旺盛起来——而之前，这片土地曾经历过很长的一段无信仰时期。在生活节奏越来越快的现代，人们再次认识到了自己的信仰，人们需要信仰，信仰能够让人强大，给人坚持和坚定的力量。还有很重要的一点：信仰能够给人带来希望。

宙斯曾经给伊克西翁一个金色的小盒子做礼物，并且对他千叮咛万嘱咐，一定不要打开盒子。而当伊克西翁还在路上的时候，他的妻子潘多拉听到了非常娇嗔诱人的声音不断地从盒子中传出来："放我出去，请放我出去。"声音一直不停地在盒子里面喊。潘多拉的好奇心越来越重，直到终于忍不住，她小心翼翼地打开了这个小盒子，只露出了一个只有几厘米的缝。但是这仅仅几厘米的缝已经能够让天堂变成地狱了，因为从盒子里逃出了忌妒、仇恨、疾病、战争、破坏，甚至可以说是所有的恶劣行径，并且这些负面的东西开始在全世界范围内传播。

当伊克西翁回到家的时候，他注意到了所发生的事情，他将自己的妻子臭骂了一顿，然后两人抱头痛哭。不久之后，他们又听到盒子里传出了声音，而这次的声音比上次更加诱人，声音仍是："放我出去，请放我出去。"伊克西翁被声音所吸引，潘多拉也是，于是两人最终选择一起将盒子打开。此时新的场景出现了：一只蝴蝶从盒子里飞了出来，这只蝴蝶的名字就是"希望"——从此，整个世界都有了改善的转机。

这个故事就是要告诉我们，要永存希望在心中！

如果我们希望梦想能够实现，那么我们就要不断给梦想“充电”。如果我们有实现梦想的信念，那么梦想就拥有了一个“充电器”，信念和信任是密不可分的。你所谓的信任是什么样子的？你相信自己，相信某些东西，还是相信自己能够做某件事？

用信念作为超越自我的动力

有这样一则寓言：

一天，一条小河来到了大山的脚下。大山轻蔑地看了小河一眼，狂妄地说：“就这么一条小河流，也想从我身上过？还是老实地从我脚下绕过去吧。”小河没有说话，只是不停地撞击着大山。开始，大山并没有在意。然而日复一日，年复一年，大山渐渐感觉到自己在被河水削平，而小河则因一天天地汇集支流而变大。终于，小河在大山的身上冲刷出来了一条河谷——此时的小河也已经不是小河，而是一条大江。

正如这条执着的小河一样，每个人的力量都是有限的，但每个人的潜力又是无限的。而能够让人类超越自我，发挥出无限力量的动力，便是信念。

信念到底是一种什么样的力量？信念是一种水滴石穿、江流入海的执着，信念是一种“飞蛾扑火，一往无前”的勇气，信念是一种面对人生磨难一笑置之的洒脱，信念又是一种“日入中天，光耀四方”的伟大。人类的体能是有限的，但精神的力量却是无限的。只有精神的力量，才能让人们超越自我，超越人类体能的极限，创造别人认为不可能的奇迹。给信念一个机会，它就会给你的人生一个奇迹。

张海迪出生在山东省文登县一个知识分子家庭里。在五岁的时候，她也遭遇了跟海伦·凯勒相似的经历。不过，她并不是失明，而

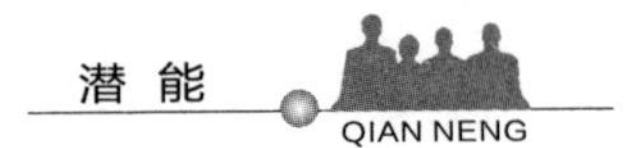

是患了严重的高位截瘫——自胸部以下的身体完全失去了知觉。医生们一致认为，像这种高位截瘫的病人，一般很难活过27岁。但是，张海迪并没有就此消沉，而是更加珍惜自己的分分秒秒，用勤奋的学习和工作去延长生命。

1970年，正值“文革”期间，她跟随带领知识青年下乡的父母到莘县尚楼大队插队落户。看到当地群众因为缺医少药而痛苦不堪，她便萌生了学习医术，解除群众病痛的念头。她用自己的零用钱买来了医学书籍、体温表、听诊器、人体模型和药物，努力研读了《针灸学》《人体解剖学》《内科学》《实用儿科学》等书。为了认清内脏，她把小动物的心、肺、肝、肾切开观察；为了熟悉针灸穴位，她在自己身上画上了红红蓝蓝的点儿，在自己的身上练针体会针感。功夫不负有心人，她终于掌握了一定的医术，能够治疗一些常见病和多发病。此后，在十几年中，治疗群众达1万多人。

后来，张海迪随父母迁到县城居住，一度处于没有工作的状态。她从保尔·柯察金和吴运铎的事迹中受到鼓舞，从高玉宝写书的经历中得到启示，决定走文学创作的路子，用自己的笔去塑造美好的形象，去启迪人们的心灵。她读了许多中外名著，写日记、读小说、背诗歌、抄录华章警句。此外，她还在读书写作之余练习素描、学写生、临摹名画、学会了识简谱和五线谱，并能用手风琴、琵琶、吉他等乐器弹奏歌曲。

再后来，张海迪成为残联主席，她的作品《轮椅上的梦》一经问世，便在社会上引起了强烈反响。随后，她又不断进取，学习了英语、日语、德语和世界语，并翻译了一些外文著作。

张海迪的事迹再次向世人证明，只要有信念，生活就没有失败和放弃。只要有梦想，人生就不会有绝望和阴霾。即使你面临困境甚至身患残疾，只要你有坚定的信念和顽强的意志，就能超越自己身体的极限，去创造和正常人一样的成就和奇迹。

信念是超越自我的动力。没有信念作为动力，自己永远都是自己最大的敌人。新时期我们必须依靠信念的力量来不断超越自我（特别是在逆境中更要如此），最终创造生命的奇迹。

以信念指引人生的方向

信念和观念都是人们对事物的看法。可以说，每个人都有自己独特的信念，有什么样的信念就有什么样的人生观和世界观。信念是一种人生的态度，更是一种人生的方向，有着怎样的信念，人生的画笔就会沿着信念的线条勾勒出怎样的人生。没有了信念，也就如大海中的船只失去了指向的灯塔，只能永远漂浮在茫茫大海中而不能到达自己人生的彼岸。

对于一个旅行者来说，最重要的东西可能并不是随身携带的生活物品和食物，而是指南针，因为只有知道自己的方向，才能明确应该怎样继续自己的旅途，怎样克服眼前的困难并最终到达目的地。人生其实就像一次旅行，你可以经历磨难，你可以暂时处于困境，但是你必须有一个人生的方向；否则，你的人生就会漫无目的，最终只能浑浑噩噩地度过。而能够指明人生方向的指南针，就是信念。

信念并不是天生就具有的，同样，也不是恒久不变的。各人的信念都与自己的生长环境和境遇有着密切的关系。老师或亲人的一句赞许，人生中的一次偶然的成功或者失败，都可能在人生信念的成长道路上画上浓墨重彩的一笔。信念的树立往往也就是人生方向的确定。不同的信念会使人生走向不同的方向，从而带来截然不同的结果：如果树立了一个好的信念，你以后的人生可能就会遵循着信念的指引，逐渐地靠近自己树立的目标，最终成为一个成功之人；如果信念背离了社会和人伦道德，你也有可能从此踏上不归路，最终抱着这个黑暗的信念堕入万劫不复的深渊。

美国纽约州历史上第一位黑人州长罗杰·罗尔斯的故事正说明了信念决定人生方向的道理。

罗杰·罗尔斯出生在纽约声名狼藉的大沙头贫民窟。这里环境肮脏，充满暴力，是偷渡者和流浪汉的聚集地。在这儿出生的孩子从小就逃学、打架、偷窃甚至吸毒，长大后很少有人从事体面的职业。然而，罗杰·罗尔斯却是个例外：他不仅考入了大学，而且最终成了纽约州的州长。

在一次记者招待会上，一位记者对他提问道："究竟是什么因素把你推向州长宝座的?"面对三百多名记者，罗尔斯对自己的奋斗史只字未提，仅仅谈到了自己上小学时的校长——皮尔·保罗。

皮尔·保罗担任诺必塔小学的董事兼校长的时候，正是美国"嬉皮士"流行的时代，他发现诺必塔小学的穷孩子们比"迷惘的一代"更加无所事事：他们不与老师合作，而是旷课、斗殴，甚至砸烂教室的黑板。皮尔·保罗想尽各种办法来引导他们，可是完全没用。后来，他发现这些孩子都非常迷信，因而在他上课的时候便多了一项内容——给学生看手相，并用这个办法来激励学生。

一天，当罗尔斯自窗台上跳下，伸出小手走向讲台时，皮尔·保罗握着他的小手说："我一看你修长的小拇指便知道，将来你会成为纽约州的州长。"当时，罗尔斯非常震惊，因为长这么大，只有他奶奶鼓励过他一次，说他可以成为五吨重的小船船长。这一次，皮尔·保罗先生竟然说他可以成为纽约州的州长，这实在出乎他的预料。于是，他用心记下了这句话，并且对它坚信不疑。

从那天起，罗尔斯发生了翻天覆地的变化：衣服穿得干净整洁，言谈举止得当，喜欢挺直腰杆走路。在之后的40多年间，他没有一天不按照州长的身份对自己严格要求。结果，在51岁那年，他如愿以偿成了州长。

罗尔斯在自己的就职演说中说："信念值多少钱?信念是不值钱的，它有时甚至只是一个善意的欺骗，然而你一旦坚持下去，它就会迅速升值。"

罗尔斯的经历给我们这样一个启示：信念就是所有奇迹的萌发点。所有成功的人，最初都是从一个信念开始的。你不需要花费很多的金钱或者代价来获得它，需要的只是一颗细腻而坚定的心，有了这颗心，你便会在不知不觉中发觉它慢慢向你靠近，而你也会在它的引领下慢慢向成功靠近。

当然，人生充满风浪，寻找信念的道路往往不是一帆风顺的。无数人在经历了很多的挫折后逐渐丧失了信心，也丧失了寻找人生信念的勇气。其实，这些人也许再多试几次就能找到正确的信念，从而走向成功，就此放弃实在可惜。因此，在寻找信念的路上必须有百折不回的精神。

一个纽约百万富翁的故事正说明了目标和信念的重要性：这个富翁曾经在一家纺织品公司工作，最初的薪水只有每周7.5美元；后来，他的薪水一下子就涨到了每年一万美元——而这之间竟然没有任何的过渡；更令人称奇的是，没过多久，他还成为这家纺织品公司的合伙人。

刚去公司时，他与公司签订了5年的工作合同，相约这5年内薪水不做改变。但是，他暗下决心：绝对不满足于这每周7.5美元的低微薪水，绝对不可以就此不思进取。他一定会让老板们知道，他绝不比公司中的任何一个人差，他会成为最优秀的人。

他工作的质量很快吸引了周围人的注意。3年之后，他早已对工作如鱼得水，游刃有余，以至于另一家公司愿意用3000美元的年薪聘用他成为海外采购员。但是，他并没有向老板们提及这件事，在5年的期限结束之前，他甚至从来没有向他们暗示过要终止工作协定，尽管那只是一个口头约定。或许有很多人会说，不接受这样优厚的条件，他实在是太过愚蠢。但是，在5年的合同期满之后，他获得了应有的回报：他所在的公司给予了他每年一万美元的高薪，他也最终变成了该公司的合伙人。

理所当然，他变成了一个最大的获利者。假若他当时对自己说：

“每周7.5美元，他们只能给我这么多，而我的工作也就值这么多钱，既然我仅能领着每周7.5美元，那么我为什么去考虑每周50美元的业绩呢?”假如那样的话，结局自然不用说，人们也会知道：他肯定不会成功。

上述故事的结局便是在信念指引下的完美结果。

人生有无数种可能，从来就没有什么定式。在这条条岔道面前，你的选择便是你的人生方向，而最终决定你选择的便是人生的信念。有什么样的人生信念便会有什么样的人生方向，而信念是否坚定则决定了你能否沿着自己的人生方向最终到达终点。

以铁磨铁：用信念战胜逆境

火石不经摩擦，火花不会发出；同样，人不经困难的打磨，生命的火焰也不会燃烧！因为困难可以使人的身心更坚毅、更强固。有一位哲学家曾经说过：“许多人之所以伟大，来自他们所经历的大困难。”精良的斧头，其锋利的斧刃是从炉火的锻炼与磨削中得来的。人生也是如此。

在一所偏远地区的小学校里，由于条件落后，每到冬季就要用老式的烧煤锅炉来取暖。有个小男孩每天提早来到学校，将锅炉打开，好让老师和同学们一进教室就能享受到暖气。

但有一天，当老师和同学们到达学校时，发现有火苗从教室冒出。经过大家的努力，他们救出了还没来得及跑出来的小男孩，当小男孩被救出时，他的下半身已被严重灼伤，整个人完全失去意识，只剩下一口气。

送到医院急救后，小男孩恢复了意识。躺在病床上的他迷迷糊糊地听到医生对妈妈说：“这孩子的下半身被火烧得太厉害了，能活下去的希望实在很渺茫。”

然而，这勇敢的小男孩不愿意就这样就被死神带走，他还想要活下去。让医生震惊的是，他熬过了最难过的一刻。但是，等到危险期过后，他又听到医生跟妈妈小声说道：“其实保住性命对这孩子来说不一定是好事。他的下半身遭到的伤害太严重了，就算勉强活下去，下半辈子也肯定是个残废。”

这时小男孩又在内心暗暗发誓，他不甘心做个残废的人，他一定要站起来走路，但是，不幸的是他的下半身没有一点行动能力。两条细弱的腿垂在那里，没有丝毫知觉。

出院后，他的妈妈每天为他按摩双脚，从未间断，但依然没有任何好转迹象。即便如此，他想要走路的决心也不曾动摇。

大多数时候，他都是用轮椅代步。有一天天气格外晴朗，妈妈推着他来到院子里呼吸新鲜空气。他望着阳光照耀下的草地，内心突然有了一个想法。他奋力把身体移开轮椅，之后拖着无力的双脚在草地上匍匐前进。

一步步，他最终爬到篱笆墙边；紧接着他费尽全身力气，用力地扶着篱笆墙站了起来。抱着很大的决心，他每天都扶着篱笆墙练习走路，直到篱笆墙边出现了一条小路。他内心只坚定一个目标：一定要站起来。

凭着坚定的信念，以及每日持续的按摩，他终于能用自己的双脚站起来，然后走路，甚至能跑步。

后来，他上了大学，在校时他和同学们一起跑步，他还被选入田径队。

这个男孩就是著名的葛林·康宁汉博士。一个被火烧伤下半身的孩子，原本一辈子都无法走路、跑步，但他凭着坚定的信念，跑出了全世界最好的成绩。

信念不倒，人就不倒。有些事情我们无法选择，但是我们可以选择坚强。只要信念不倒，我们就会有面对苦难的勇气；只要信念不倒，我们就能从跌倒的地方爬起来继续向前。

拥有坚信青春永驻的强大信念

任何一个人，男人也好，女人也罢，都想自己青春永驻，永远活在那个青春浪漫、充满激情的年代。基于这个需求，人们的衣着越来越年轻化、潮流化，女人们的化妆品日渐堆积成山，男人们的保养品也慢慢地排成一行。然而，这些并没有留住人们的容颜，岁月还是在他们的脸上和心里留下了深刻的印记。

是的，一个暮气沉沉的人不可能穿上几件年轻人的衣服，就说自己仍然年轻；用一些所谓名贵的化妆品，就能掩盖自己衰老的痕迹。青春永驻的秘诀不在于“外”，而在于“内”，更确切地说在于自己的思想。保持思想的年轻化，是抗击衰老的最佳利器。伦敦国际顶级权威医学杂志《Lancet》（《柳叶刀》）刊载过的经典案例，极好地说明了精神力量对于保持身体年轻所具有的巨大影响力。

有位女士因为被爱人抛弃，精神受到刺激而出现问题，她因此丧失了对时间的感知能力。这是一种什么样的病呢？具体表现为病人对时间失去了感知。这位女士认为她的爱人还会回来，她每天都会站在窗前等待他的身影出现，多年一直如此。70 年过去后，一群美国人（包括医生）发现了她，认为她的实际年龄不超过 20 岁。因为从外表看，她的头上没有一根白发，脸上没有一丝皱纹，皮肤和少女一样白皙光滑，在她身上看不到任何能表明年龄的痕迹。她没有衰老，是因为她认为自己仍然是个少女，她坚信自己仍生活在她爱人离开的时候。她的信念控制了身体的变化，出现了实际生理年龄和自己认为的年龄一样的情况。

身体外部的表征是内在信念的指示牌。如果总是存有老年的想法和观念，那么你的身体也会有所反映，开始衰老。如果你在 30 岁时，从心灵深处坚信自己已经 60 岁，那么你的外表和神情就会体现出 60 岁人的特征。

同理，你坚信自己很年轻、充满活力、健康活泼，这种心态也会体现在你的脸上，体现在你的整个外表上。

因此，倘若你想保持年轻，就必须摒弃那些有损年轻的东西。因为没有什么比自认为已经老了，丧失了对任何事物，特别是对年轻人的娱乐活动和生活方式的兴趣更能有损人的年轻了。当你不再像年轻人那样壮志凌云时，当你拒绝参与年轻人的体育运动时，当你不愿和孩子们嬉戏玩耍时，你就会感觉自己正在衰老，身体开始僵化，年轻时的精神状态一去不复返，直到你真的变老了，甚至变得很老很老。

有个年轻人向一位年事已高但仍保持着年轻面孔的老人请教青春永驻的秘诀。这位老人回答说，过去30年间，他一直担任一所学校的校长，他喜欢走进年轻人的生活和学习中，并成为与孩子们志同道合的伙伴。他认为，这使得他的头脑一直关注年轻、进步和丰富多彩的生活，而没有给思想的衰老留下近身的可能性和突破口。

从这位老人的回答中，我们发现他的内心不接受年华老去的暗示，他的信念让他一直过着年轻乐观的生活，保持着迷人的乐观天性。信念的影响是强大的。我们只有形成了永远年轻的思想认识，以至于我们确实感觉到了自己的年轻，我们就赢得了抵抗衰老的胜利。相信自己年轻，就会保持年轻，对于年轻或衰老的认识，都会反映在身体的变化上。一旦自认为已经衰老，那么世界上再也没有什么东西能够使我们保持年轻了。

当然，我们不得不承认无论我们的感受如何，年龄总会或多或少地在我们的身体上留下一些记号。但是，拥有阳光、乐观的年轻思想，你就真的可以创造“长生不老”的奇迹。而缺乏坚定的信念、思想的过早老化是我们面临的最大问题。快节奏的现代生活严重损害了我们的想象力，使我们不再年轻，失去了年轻人特有的机敏、灵活和高效，最终成为“一无是处”的“糟老头”或“糟老太”。

那么，到底怎样做才能拥有坚信青春永驻的强大信念呢？其实很简单，学会忘记那些不愉快的事情，开心快乐地生活。生活快乐幸福、如沐春风的人，一般不会像精神压力大的人那样容易衰老。因为，他们的身心总是处在一种自由安详的状态，而不用整日与紧张、害怕、恐惧等情绪相伴。

除此之外，停止自我提升、停止学习新东西也是很多人过早老化的原因。人到中年，许多人就已经失去了获取和接纳新思想的能力，达到了认识发展的停滞点，难以进一步提高思想认识，这是一个令人叹息的事实。

不要因为你已经有了很大的进步，就像远航的轮船抛锚那样停止远航，因为这样你会迅速落后。千万不要让自己失去年轻的心态，无论你过去做过什么，都不要说你现在不能做什么，都要努力去过属于年轻人的生活。不论岁月已经流逝多少年，也不要在精神方面担心男女有别，要让自己收放自如，超越年龄的局限。要记住，正是那些陈腐的思想、陈腐的精神使你的身体不断老化。要想保持年轻，就要不断地坚持学习，不断地对周围的一切事物保持浓厚的兴趣。

不要再“执迷不悟”，认为你的青春和寿命都是命中注定。要知道，年轻的信念是你的天赋人权，你应该坚定地保有它，坚持每天对自己说：“我一直很好，我很年轻，我的思想、我的心态不会让我变老，年龄也拿我无可奈何。造物主打算让我健康地生活，不断地进步，生活得更美好。”将这种信念渗入心底，不断重复，直至成为自己潜意识的一部分。

相信自己：用自信坚定信念

自信是一种意识状态，自信和人类的关系，很像是蒸汽机和火车的关系——它是行动的主要推动力。自信还具有感染性，所有和自信的人有过接触的人都将受到积极的影响。培养自己的自信品格，是一个人迈向成功的第一步。

在人一生的奋斗中，决定事业成败的关键，在于我们的坚定信念。没有自信，人就像一块没有安装电池的手表，无法让生命的时钟运行；拥有自信，你就会惊异地发现，你极其渴望和努力为之奋斗的目标完全能够实现。所以，解读了自信，也就解读了成功。

在很多时候，我们的失败并不是因为势单力薄或者智力低下，也不是没有把整个局势分析考虑详尽，而是我们缺乏自信。如果我们在人生的道路上时刻保持自信，你就会发现，成功并非遥不可及。

倘若你总是信心十足，以征服者的心态积极地面对人生，你将来的人生也必定是灿烂无比的。因为必胜的信念会带给你巨大的动力；反过来，如果你为自己设置心理障碍，内心自卑，以屈服者的心态消极面对人生，你就会以自我贬低和逃避挑战的形象自毁前程，最终导致悔恨不及的失败人生。

对于一个胆怯、敏感的人，如果能够不断地给他以鼓励，让他相信自己的能力，帮他跨过自我设置的心理障碍，让他相信会有光辉灿烂的前途，那么他一定就会渐渐拥有自信，并成为社会的有用之才。

要知道，人们是很难超越自我评价的。一个人目前的能力是否很强，并不是很重要，因为他的自我评估在很大程度上能决定努力的结果，决定是否能取得成功。一个对自己有信心但能力平平的人所取得的成就，往往比一个具有卓越才能但自卑的人所取得的成绩大得多。因此，千万不要给自己的心理设置障碍，无论何时，都要对自己充满信心。如果你形成了积极、崇高的自我评价，那么，你身上所有的力量就会爆发，帮助你实现梦想。

某大型公司的推销员小 A，总是觉得自己没有别人优秀，每天的销售业绩也不好，于是，他认为自己不是做销售的料。

于是，一天早晨，他走进了老板的办公室，站到老板面前说：“我想辞去现在这份工作。”老板就问他：“为什么？”他说：“因为我觉得自己没有耐心，而且也没有能力做好这份工作，我认为自己不配再领公司的薪水。”老板听完后，觉得一个人竟有这么大的勇气去向老板承认自己的失败，这种品质真是难能可贵。

如果他能把这份勇气用到工作中，那该多好呀。只要对这个人加以正确的引导，必定会成为一个很有前途的人。

想到这儿，老板做出了让小A惊讶的决定，他没有同意小A的辞职，而是盯着小A的眼睛对他说："我对我任用什么样的人一向很有信心，我认为你完全具备做推销员的潜质。我要求你去挑战自己——做最成功的推销员！小A，你现在就出去推销，在今晚要带回比以前任何一天都多的订单。"小A听到老板的回答，惊讶极了。稍后，他径直走出了办公室。当晚，他回到公司时，已不再像早上那样盲目和无所适从，从他身上流露出的是自信和胜利的喜悦。就在那天，他做出了很好的销售成绩，而且，从那天以后，每一天他都能创造新的纪录。

在现实生活中，有很多像小A这样的人，他们并不缺乏成功所需要的潜质，需要的只是跨过自我设置的心理障碍。所以，一定要对自己充满信心，一定要相信自己有着非同一般的前途。如果你坚持不懈地去努力，那么，由此而产生的精神动力就会帮助你去实现心中的理想。因为信心往往能够鼓舞一个人的斗志，激发一个人的能力。一个人的信心越大，就说明他离成功越近。

那么，我们应该怎样做才能建立起良好的自信呢？

1. 正确认识自己

认识自己的目的在于发展自己、完善自己，我们在认识到自身的优点时，就要充分地表现自我，显示自己的能力和才干，以增强信心。

2. 不要过分苛求自己

过分追求完美、过分苛求自己的心理状态会使人的自尊心过强而自我满足感过低，稍受挫折和失败，就容易危及自信心。事实上，每个人都难免有不足的地方，对于缺点、错误和失败，大可不必过分苛求，更不该轻率地否定自己。

3. 以勤补拙，增强信心

自信来自勤奋、来自刻苦、来自付出。世界冠军没有冬练三九，夏练三伏，就不会有亚运会、奥运会金牌的获得。因此，要建立自信，必须积极向上，勤奋学习，善于接受新鲜事物，不断用科学文化知识充实自我、更新自我，这是增强自信心的最好方式。

虽然成功的道路有千万条，但是我们究其根本就会发现：凡是能够激发潜能、获得成功的人，都是信心十足、努力进取、敢于打破常规、善于转变思维的人。所以，不要再犹豫，不要再彷徨，大胆地放开思想，迈过心理这道坎，打通心灵的隧道，成功自然会属于你。

潜能开发实操

十大信念训练

信念的力量，让我们在逆境中也能扬起奋勇前行的风帆；信念的伟大，让我们在遭遇不幸时亦能唤起心中的希望，激发出生活的力量。

地点：洗手间

时间：早晨

十大信念简介：

第一条：今天，我要开始全新的生活。

联想练习：每次，当你要刷牙的时候，在心里重复，“今天，我要开始新的生活”。

第二条：我是最棒的，一定会挣很多钱。

联想练习：拿出牙刷，像个棒子吗？对，“我是最棒的，一定会挣很多钱”！

第三条：成功一定有方法。

联想练习：拿出牙刷，前端是方的吗？“成功一定有方法”。

第四条：我要每天进步一点点。

联想练习：挤出牙膏一点点，“我要每天进步一点点。”

第五条：我用微笑来面对生活。

联想练习：张开口，准备将牙刷伸进口里，“我用微笑来面对生活”。

第六条：人人都是我的贵人。

联想练习：牙膏“挨”着牙齿了，一排牙膏犹如一群人，“人人都是我的贵人”。

第七条：天生我才必有用。

联想练习：刷牙的时候，要横着刷牙，口张到最大的时候，“天生我才必有用”。

第八条：我爱我的工作。

联想练习：刷牙完毕，看着镜子里的自己，坚定信心，“我爱我的工作”！

第九条：我要立即行动。

联想练习：离开梳妆台，“我要立即行动”！

第十条：坚持到底，绝不放弃，直到成功。

联想练习：开始出门，“坚持到底，绝不放弃，直到成功”！

练习方法：

第一种，连续30天，每天把第一条信念重复10次。30天后，再连续10天，把第二条信念重复10遍。依次类推。这样，在300天的时间，你会重复所有信条300次，这些信条就将在你的大脑里扎根、生芽、成长，融入你的血脉，变成你自己真实的信念。只是，每天这10次最好是手写，写每个字的时候，多想一想它的深层含义，为它所感动，为它所吸引，不要变成自言自语，更不要心不在焉。

第二种，每天都把这10条重复2遍以上，持续10年。

第六章

潜能开发的6种途径

人的潜力是巨大的，但这一潜力需要积极开发，才能使其变成实际的能力。只要找到潜能开发的正确途径，你的潜能就可以得到极大地开发，成为一个具备“超能力”的人。

镜子强化法：使人充满自信，强化激情

镜子可以帮你实现很多意想不到的事，它的神秘需要你自己去发现。

镜子是生活中最常见的东西，但它的作用远远不只是用来照人。自古以来，镜子就被视为灵性之物，因为它能反映出另一个世界的影像。凯斯西储大学教授劳伦斯·克劳斯曾在书中写道：“镜子里藏着什么呢？额外维度的神秘诱惑，从柏拉图到弦理论及将来。”

多年以前，著名记者M.布里斯托到一位富豪家里做客。这位富豪拥有伐木和大型锯机等多项专利，他邀请了许多报商、银行家和工商业巨头到一家著名旅馆的包房聚餐，并借此介绍一种锯床操作的新方法。很快，主人喝得酩酊大醉。

刚要开饭，布里斯托看见主人摇摇晃晃地走进卧室，突然在梳妆台前停住。考虑到自己也许能帮助他，布里斯托便跟着走进房间。布里斯托发现他正用两手抓住镜子顶端的边缘，凝视着镜子，像喝醉酒的人时常表现的那样咕哝着。随后他的话就开始变得有条理了。布里斯托听到他在说：“约翰，你这老家伙，这是你举办的晚会，你必须保持清醒！”

他继续凝视着镜子中的自己，不断重复这几句话。整个过程只有5分钟，但他的醉意明显消退了。

在作为报社记者的生涯中，布里斯托曾观察过许多醉汉，但从未见过谁能这么快恢复常态。当他重新回到餐厅时，脸上虽然还带点红晕，但显然是清醒的。宴会结束时，他又介绍了一个十分引人注目并

令人信服的新打算。很久以后，当布里斯托对潜意识能力有了更充分的了解时，才对这种能使一个明显醉酒的人变成十分清醒的人的“镜子技巧”有了真正的理解。

布里斯托已经将这种“镜子技巧”传授给成千上万的人，收效甚大。几年来，许多人到他这里来要求帮助解决难题。大部分是妇女，她们几乎都是哭哭啼啼地叙述各自的遭遇。而布里斯托做的第一件事情，就是让她们站在一人高的镜子面前，仔细看着自己，看着自己的眼睛，并告诉自己看到了什么——弱者，还是勇士？她们的哭声很快停止了。这些事例使布里斯托相信，一个妇女在镜子里看着自己的时候，她不会哭泣——是自尊、羞愧或者是出于对女性软弱观念的否认，使她们停止哭泣，不再流泪。

许多了不起的演说家、演员、政治家都曾运用过“镜子技巧”。温斯顿·丘吉尔在做任何重要演讲之前，总要站在镜子前正视一下自己。美国第25任总统威尔逊也使用过这种技巧。

美国心理学家布里斯托经研究发现，巧用镜子，能让人充满信心，拥有良好心情。换句话说，镜子是一个有效的自我激励的工具，同时也是潜能开发的最便利工具。著名的英国小说家萨克雷曾说：“这世界是一面镜子，每个人都可以在里面看见自己的影子。你对它皱眉，它还给你一副尖酸的嘴脸，你对着它笑，跟着它乐，它就是个高兴的伴侣。”对每个人来说，镜子发射出的就是你给予这个世界的能量，更重要的是，它还将吸引你所发出的同类能量到你身边。

其实，很多世界杰出的人物都有借助镜子来提高自己的习惯。原一平在最困难的时候靠镜子来为自己打气；乔布斯每天都会对着镜子问自己“假如今天是我生命中的最后一天我会怎么过”以激励自己；在很多成功学的训练场里，“照镜子”都成为一个必备的课程。

怎样用镜子来吸引心中的目标向我们靠拢呢？

（1）笔直地站在镜子面前，整理头发、衣物，要做到头发整齐，衣服整洁。

（2）对着自己微笑。在微笑的时候，抬头、挺胸、收腹，让自己看到自己积极乐观的形象。

（3）深呼吸三次，让自己感觉美好、平和，并将这种感觉传递到全身。

（4）表现得像你想要的那个样子。如果你希望被人欢迎，就想象自己受欢迎的样子，并表现出来；如果你希望自己富有，就想象自己是个亿万富翁；如果你希望自己美丽，就想象自己美丽的样子。

为了增强吸引力的效果，我们还可以在想象的同时，将自己的愿望对着镜子说出来。这不是玄学也不是巫术，在现实生活中不乏因此而心想事成的人。

其实这些只是镜子力的最浅层的作用，它的神奇之处远远不止于此。在心理学界、灵媒界，镜子和人体潜能以及宇宙能量之间的联系，还有很多空白等待被开发。所以，用好我们身边的镜子，会带来意想不到的潜能大爆发。

营造内心圣殿：拥有独属于自己的一方净土

做过心理训练的人都知道，有一个很好的激发潜能的技巧——建立一个内心的圣殿，即营造一个适宜的心理环境。这样我们就拥有了独属于自己的一方净土，完全可以按照自己喜欢的方式去创造它。它里面宁静，安逸，你可以随时进入其中放松紧绷的神经，在压力重重的现实中寻找到一丝安慰，从而让自己面对现实中的种种困难时可以有一个健康的心态，有利于潜能的激发。

“我走过一条小河，河边有一条船，船上堆满鲜花。我跳上船，轻轻一划，船顺流而下，我看到两岸开遍烂漫的杜鹃花。

“船停在河水转弯的地方。我跳下船，面前是一片苜蓿田。我穿过田间，走进一个小小的院子。院子中有一方水塘，水面上漂着浮萍和菱角叶。

“我在水塘边坐下来，风吹来，浮萍轻轻地随风开合。现在，我可以忘记一切烦恼，静静地享受这片安宁……”

这是一个中层领导者在冥想中为自己建造的内心圣殿。作为一名中层管理者，他对上要完成领导的任务；对下要管理员工；对外还要沟通客户，整天忙得昏天黑地。在农村长大的他为自己设下了这样一个充满静谧的乡间田园，只要有时间，环境允许，他就闭上眼睛，到这个水塘边坐坐。这已经成为他放松的最佳方式。

内心圣殿不仅可以用来放松，也可以用来激励自己。最大限度地想象你在社会中希望的生活，在冥想中将自己放进去。慢慢地，你的潜力会帮你心想事成。

“司机帮我打开车门，我挎着限量版的LV包下了车。佣人将车中的购物袋提下来，跟着我。我走过花园，走上台阶，门无声无息地开了。我的先生，一个高大英俊的中年男人正含笑看着我。他变戏法一般地从身后拿出一支玫瑰花递到我面前，那花上还带着露水。

“我换上舒适的长袍，坐在火炉前、落地窗旁的摇椅里。窗外的椰子树在阳光下闪着绿油油的光。不远处可以看到海和海面上的游轮。我拿起手边的红酒，喝了一口，我太满足了。”

这是另一个人的内心圣殿。她为自己建造了一个富裕、安适、和美的生活空间。而且时不时地还会做点小改变：比如养了一只斑点狗、又重新换了壁纸等。而生活中的她虽然生活在很普通的家庭，却始终有一种超脱的高贵典雅之气，不能不说这跟她的“圣殿”有关。

只要闭上双眼，在舒适中放松自己，想象自己置身于一个美丽的环境中。这个环境可以是任何地方，只要是自己喜欢的就行。不论是草坪、山顶、森林、大海，甚至海底、外星球……只要你感到舒适、愉快、安宁就可以。然后，用最细腻的感觉，冥想这个环境的细节。声音、气味、颜色，一切越细致越好，并开发整个身心去体验它。从此，这个地方便成为我们心中的圣殿。任何时候，只要你闭上眼睛，让自己进入冥想状态，你就可以轻而易举地到达这个地方。你可以得到宁静、放松，并可以在放松中得到能量。

亨利·戴维·梭罗曾这样说："如果一个人满怀信心地朝着心中的梦想前进，并致力于过自己想要的生活，那么他将在某个意想不到的时刻与成功不期而遇。"

所以，通过冥想，在内心建立一座"圣殿"，是自我激发潜能的好办法。你只要完全按照自己所希望的那样，在心里描画和塑造自己所想要的图景，这种图景就会刺激你的潜在意识，激发出无穷的力量。

达到"忘我"境界：让自己进入冥想的状态

所谓冥想，就是让大脑停止理性的思考，停止意识对外的一切活动，达到"忘我之境"的一种心灵自律行为。这不是要意识消失，而是在意识十分清醒的状态下，让潜在意识的活动更加敏锐与活跃。通过冥想，人的潜能会被大幅度地激发，有如神助。

冥想在现实中练习时种类很多，如指引心灵的曼特拉冥想、关注呼吸的噢姆冥想、反复念诵的哈里波尔·尼太—弋尔冥想、玛丹那·莫汉那冥想等。但不论何种冥想练习，都离不开放松。可以说，放松，彻底的全身放松，是冥想的起手式。一般人只要采用某种姿势，以意念引导全身放松，就能轻松地进入冥想状态。常见的放松形式有自然放松、部位放松和三线放松。

自然放松常见于武术中，指练功者从头颈部以至躯干、四肢各个部位同时自然放松。

部位放松是指从头部、颈部、胸部、腹部、上肢、大腿、小腿，直至足部依次顺序缓慢地一个部位一个部位地放松。

三线放松是把身体分成三条线，分别放松。

第一线：头部两侧→颈部两侧→两肩→两上臂→两肘→两前臂→两腕→两手→十指；

第二线：头部→面部→颈部→胸部→腹部→大腿→两膝→小腿→两足→十趾；

第三线：头部→后颈部→背部→腰部→大腿后部→两膝窝→小腿后部→两足→足底。

对一般的冥想学习者来说，最实用的是部位放松法。所以详细介绍一下。

你在放松之前，要把身体调整到最舒服的姿势，闭上眼睛，开始深呼吸。然后，放松开始，分为以下八个步骤来完成。

1. 头顶

想象你的头皮放松了，头盖骨放松了，头发也放松了，深呼吸。

2. 眉毛

让眉头散开，想象眉毛附近的肌肉放松，直到眉尾，同时放松耳朵附近的肌肉。

3. 脸和下巴

先放松脸颊附近的肌肉，再放松下巴的肌肉，最后放松整个脖子。

4. 肩膀

平时，肩膀为我们承受了很多紧张的压力，所以这个部位一般都是抽紧的。现在彻底放松，在放松肩膀的同时也放松你的左手和右手。

5. 胸部

胸部是心脏所在的位置，不但要让胸部的骨头、肌肉都放松，还要让心脏也进入放松状态。

6. 背部

背是支撑人体的栋梁。沿着脊柱，让你的脊椎和背部肌肉都放松。

7. 腹部

放松你的腹部肌肉，这是毫不费力的。然后，你的呼吸会更深沉、更轻松。

8. 腿部

放松大腿，放松小腿，放松脚跟，把想象力停留在脚心。

现在，再次关注你的呼吸，用很深、很深的呼吸，有规律地、缓慢地把空气吸进来，再吐出去。深呼吸的时候，想象你吸进宇宙间美丽的能量，整个能量笼罩着你，呼气的时候想象你将体内所有的紧张和压力都释放出去。你会发现，每一次的深呼吸，都会让你更深沉地进入美妙的放松状态。每一次呼吸，你都会感觉自己更放松、更舒服……

此时，你已经进入冥想的状态！之后你会发现，一种难以言状的快乐充斥着全身，心灵更加敏锐，由激发潜能带来的那种积极、进取方式，将影响我们生命的每个方面。

催眠激发潜能：唤醒沉睡的潜能

初听到“催眠”两字，人们很容易与睡觉混为一谈。催眠看起来好像与睡觉一样，实际上是两码事，催眠不是睡眠。

睡眠是生理现象，催眠是心理现象。睡眠是人的本能，是为了让脑休息，使脑功能正常运作；催眠是脑功能在特定条件下的一种活动，或者说是一种特殊的心理活动。

睡眠不是一种技术，催眠是一种技术。睡眠不需要学习，人人都会；

催眠是种专门技术，要经过一定的学习才能掌握。

睡眠不与外界沟通，催眠与特定的外界沟通。睡眠时脑功能基本上处于休息状态，不与外界沟通，不受别人的控制，若与外界沟通的话，人就醒了；催眠时，大脑还有一部分处在警觉状态，没有完全与外界隔绝，与催眠师保持着单线联系，接受催眠师的控制。可以说，在浅度催眠时，大脑基本上受催眠师的控制；在深度催眠时，大脑完全受催眠师的操纵。

催眠就是跟潜能对话，唤醒潜意识中沉睡的巨大能量。

“催眠不是让你沉睡，而是让你醒来，唤醒的是你的心灵，激发的是你的潜能！”是我的师父亚洲第一催眠大师杨安教授一直倡导的催眠。

催眠是一种技术，也是一种科学。在精神医学中，催眠被广泛地运用于心理治疗，一直都能获得很好的治疗效果。有人认为催眠就是使别人睡着，然后控制他的技术，这其实是一种误解。杨安教授认为，催眠其实是把控制的能力交给你自己的一种技术。

现在，越来越多的科学证据显示，人潜意识的力量非常强大，如果能够激发潜能的力量，那么人就可以改善自己的身体及心理状态。催眠，就是帮助人激发潜能的一种方法。正如爱因斯坦所说：“潜意识的力量比意识的力量大 3 万倍以上。而催眠正是运用了潜意识巨大的潜能才能产生对人身心方面的诸多帮助。”

在催眠的过程中，我们可以运用语言暗示、氛围暗示以及相应的肢体动作等，来改变人心理及生理状态，达到开发潜能的目的。这个时候，人的感觉会变得敏锐，集中力、记忆力、学习力也会增加好几倍。

1. 用镜子自我催眠，开发潜能

用镜子催眠自己的效果，不亚于专业催眠师为你施术。

我们都知道，大脑无意识中，会进行思维与自我对话。所以，喜欢自己的人会因为得到自己的鼓励与赞美而越来越棒，不喜欢自己的人通常会因为自己内在的指责与批判，而感觉越来越糟糕。镜子其实只是把这种无意识意识化地表现出来。

现在，我们来看看怎样最好地对着镜子喊话来鼓励自己。

（1）你需要有一面镜子。不用特别大，但至少应该能让你看到自己的上半身。当然，能大一点更好。

（2）深呼吸，用立正的姿势站好。凝视镜子中自己的眼睛深处。

（3）把你想要鼓励自己的话喊出来，喊的标准是，能看得见嘴唇的移动，听得清所说的话语。

需要强调的是，这些话语应该满足以下几个要求：

第一，用积极、肯定、简单的现在进行时短句；

第二，目标大小规模适中，是可做到的，但需要一定努力；

第三，是自己所要的，并且是可以维持的。

这种做法要作为一种固定仪式，每天至少早晚两次。在刷牙、洗脸的时候，看着镜子里的自己，告诉他（她）：“你很棒，而且会越来越棒，你什么都能做到！加油！”你将更有动力迎向未来。

2. 了解自己潜意识能力

如果想了解自己潜意识的反应能力，在没有催眠师帮助的情况下，也可以采取以下方式。

（1）摆锥法。自己先做一个小摆锥，老式怀表那种样子的，使摆锥自由摆动，双眼看着摆锥。然后反复提示自己：“请里边的潜意识帮忙把摆锥顺着横线左右摆动起来。”当摆锥左右摆动起来后，要求前后摆动、顺时针或逆时针摆动。当这些摆动都实现后，要自我检查一下是否是自己有意摆动的。

（2）手指法。用左手轻握右手指的食指、中指和无名指，精神放松后，自己在头脑中想着“请帮忙把右手的食指用力勾动一下”。一次不行多试几次，当食指、中指和无名指轮流都会熟练勾动后，说明你过了第二关。

（3）丹田法。全身放松躺在床上，用潜意识内视丹田，即肚脐下一寸通小腹和后背之间约鸡蛋大小处，用意念在丹田处燃起一团火，逐步升温使丹田发热。不论是否温热起来，只要潜意识能进行温热，对潜意识的能力提高都有帮助。

如果你通过三关，那恭喜你，你非常容易被催眠和自我催眠，也很容易开发智力潜能。

如果你通过两关，那你也是比较容易被催眠和开发潜能的人。

只能通过一关的人，通过训练后可以被催眠，但要成功自我催眠有一定困难，需要加强练习。

如果你三关都没通过也不要紧，只要坚持练习，加强潜意识的反应能力，敏感度自然会增强，引爆潜能，指日可待。

自我激励：通过内心的不断激励来改变自己

在现实生活中，要学会自我调适、自我激励，来开发自己的潜能。以下方法可以帮你塑造自我，塑造你一直梦寐以求的自我。

1. 树立宏大远景

迈向自我塑造的第一步，要有一个你每天早晨醒来为之奋斗的目标，它应是你人生的目标。远景必须即刻着手建立，不要往后拖。你随时可以按自己的想法做些改变，但不能一刻没有远景。

2. 远离自己的舒适区

不断寻求挑战激励自己。提防自己，不要躺倒在舒适区。舒适区只是避风港，不是安乐窝。它只是你心中准备迎接下次挑战之前刻意放松自己和恢复元气的地方。

3. 把握好情绪

找出自身的情绪高涨期用来不断激励自己。

4. 调高目标

如果你的主要目标不能激发你的想象力，目标的实现就会遥遥无期。因此，真正能激励你奋发向上的是，确立一个既宏伟又具体的远大目标。

5. 做好调整计划

在自己的事业波峰时，要给自己安排休整点。安排出一大段时间让自己隐退一下，即使是离开自己挚爱的工作也要如此。只有这样，在你重新投入工作时才能更富激情。

6. 立足现在

不要沉浸在过去，也不要耽溺于未来，要着眼于现在。

7. 敢于竞争

不管在哪里，都要参与竞争，而且总要满怀快乐的心情。要明白最终超越别人远没有超越自己更重要。

8. 走向危机

危机能激发我们竭尽全力。无视这种现象，我们往往会愚蠢地创造一种追求舒适的生活，努力设计各种越来越轻松的生活方式，使自己生活得风平浪静。当然，我们不必坐等危机或悲剧的到来，从内心挑战自我是我们生命力量的源泉。圣女贞德（Joan of Arc）说过："所有战斗的胜负首先在自我的心里见分晓。"

9. 精工细笔

创造自我，如绘巨幅画一样，不要怕精工细笔。如果把自己当作一幅正在描绘中的杰作，你就会乐于从细微处做改变。一件小事做得与众不同，也会令你兴奋不已。总之，无论你有多么小的变化，点点都于你很

重要。

10. 敢于犯错

有些事尽管去做，不要怕犯错。给自己一点自嘲式幽默。抱一种打趣的心情来对待自己做不好的事情，一旦做起来了尽管乐在其中。

11. 别人的拒绝要积极面对

不要消极接受别人的拒绝，而要积极面对。应该让这种拒绝激励你更大的创造力。

12. 接受挑战后，要尽量放松

接受挑战后，要尽量放松。自己能做的事，不必祈求上天赐予你勇气，放松可以产生迎接挑战的勇气。

自我暗示法：让自己获得一种积极的力量

暗示在我们的日常生活中，是既常见又具有魔力的心理现象。它是人或环境以不明显的方式向个体发出信息，个体无意中接收了这种信息，从而使自己的情绪和意志做出相应反应的一种心理现象。最经典的例子就是三国时曹操的部队在行军路上，由于天气炎热，士兵都口干舌燥，曹操见此情景，大声对士兵说："前面有梅林。"士兵一听精神大振，并且立刻口生唾液。这是曹操巧妙地运用了"望梅止渴"的暗示，来鼓舞士气。

美国一位心理学家曾做过一个心理实验。有一天他带了一个人到课堂上对学生们说："这位是德国著名的化学家，他正在实验一种新的化学物质，这种化学物质遇到空气蒸发之后会让人头晕，但是对人体并不会造成副作用。"于是，那位化学家从袋子里拿出一瓶液体，打开瓶盖后拿到每位学生的桌前晃了一下，并且用德语对学生们说话，心理学家翻译道："觉得头晕的同学请举手。"有许多学生举起手来。

实验结束之后，心理学家对同学们说："同学们，我们刚才所做的其实是一项心理实验，而非化学实验。这位先生是本校德语教研室的助教，并不是德国著名的化学家。所谓的化学物质只不过是一瓶蒸馏水而已。"

1. 自我暗示法的作用

自我暗示是一种常用的心理调整法，具有下列心理效应。

（1）镇定作用。人的心理状态十分复杂，且经常受到外界情况的影响，所以更是变幻莫测。尤其是在企业竞争甚至个人对抗的条件下，如果对方创造了一个很优异的成绩，而自己又觉得根本无法超越时，内心备感紧张，慢慢地丧失了自信，结果一蹶不振。其实，每一个人的潜能都是无限的，只要奋起直追，就没有无法超越的目标，换句话说，没有可不可能，只有敢不敢，如果你在心理上产生紧张，反而束缚了自身潜能的发挥。自我暗示在这时就能起到排除杂念、稳定情绪的作用。

（2）集中作用。人们做一件有难度的事情，并且想将这件事情做成功的时候，必须要将注意力集中，否则很难成功。心理学家认为，一个缺乏心理训练的人，常常在最需要注意力高度集中的时候，出现心猿意马的情况，你应该怎么办？自我暗示能够有效地调整心理状态，减少心理障碍，更快地集中精力，在相对短的时间内达成目标。

（3）提醒作用。俄国大文豪托尔斯泰曾说："当你想和别人吵架，并准备好某些词语时，请你在嘴里默念，我一定不要让这些词语出口。只要这样做，大多是吵不起来的。"很明显，这也是一种自我暗示的方法，它可以提醒人们理智地判断、冷静地处理某些事情，而不是冲动地激化问题，使问题严重化。

自我暗示心理调整法具有很明显的效果。当我们准备做某件事情或处理人际关系的时候，如果能够积极应用自我暗示法去克服心理障碍，如胆怯、紧张等，你将游刃有余地把握自己、了解别人，更快一步地迈向成功的彼岸！

2. 常用的暗示与自我暗示的具体方法

暗示像一种语言，像一个动作，像一个表情，像一个心理感应……总之，在表达感情方面，暗示的具体方法是通过心理因素微妙地表达自己对行为主体的看法和意见，并达到某种意想的效果。

比如，刚吃过晚饭，父亲给儿子讲故事，儿子心不在焉，开始搞小动作。这个时候，父亲没有停下来，而是用眼睛紧盯着儿子的手，暗示他不应该这么做。不一会儿，儿子意识到了自己的错误，停止动作，用心听故事了。

又如，孩子做了一件好事，家长对他赞许地点一点头。或者孩子经过自己的努力，解开了一道难题，家长笑着称赞，都是一种很好的暗示。

再如，家长辅导孩子做作业的时候，发现孩子坐姿不正，可以给孩子示范。孩子得到这些暗示之后，会学着作出反应。

下面我们再介绍两种主要的自我暗示的方法。

(1) 卡片法：找一张手掌大的硬卡片，在卡片上简洁明了地写上我们希望达到的目标，并且规定实现这一目标所需要的时间，以及愿为此所付出的代价，然后把这张卡片放在口袋里，每天起床和睡觉时，有意地从口袋中拿出卡片，用认真、庄重、充满自信的声音来朗读，要时刻感觉到我们已经真的达到了目标。就这样，每次读两遍，持之以恒，直到实现目标。

(2) 镜子技术：面对镜子，认真审视镜子中的自己，大声地说："我能行，我可以做到，我一定能够成功。"这样暗暗地对自己重复千百次之后，自我暗示已深深扎根在我们的心灵中。发展到一定程度，心中的信念就会无比坚定，满身的斗志将会被激发，到那个时候，成功只是迟早的事情。

其实，无论从社会、民族、国家来讲，还是从地区、家庭、民众来讲，暗示和自我暗示都扮演着重要的角色。你置身于暗示法则中，如果能够了解法则，并能运用具体方法来发挥作用的时候，在通往成功的路上，你可以走得更加顺利！

由此可见，心理暗示的力量是十分强大的。如果你心里总是觉得自己什么都不行，那你就永远都不能成功，这种消沉意志会让你在困难面前畏首畏尾。你就总会有这样的想法：“反正我不行，再怎么做都没用”，也就不会为了成功而付出任何努力了。当然，这就已经注定了一个失败的结局，而这失败的结局又成为你自我判断的一个标准，你会觉得自己真的不行。这样恶性循环下去，你最初可能仅仅是出于胆怯或是谦虚而认为自己不行，到最后就真的变成了事实，这可笑的结局难道不正是“说不行就不行”吗？

潜能开发实操

催眠练习

场所：选择一个安静房间。

人数：3 ~4 人。

方法：一人扮演催眠师，一人扮演被催眠者，其余人可以协助。

步骤与方法：

第一步：入静

“闭上你的眼睛，抬起你的头，挺起你的胸，两手放在膝盖上。”“催眠师”连说三遍，声音轻而柔和。

“闭上你的眼睛，深深地吸进一口气，要细、要匀、要深；请长长地呼出一口气，要细、要匀、要长。”“催眠师”连续说三遍。

第二步：放松

➢ 第一节

我正在休息

我正在放松

我正在入静

我什么也不想

我感到轻松和愉快

➢ 第二节

左肩的肌肉放松了

左臂的肌肉放松了

左手指的肌肉也放松了

右肩肌肉放松了

右臂的肌肉放松了

右手指的肌肉也放松了

两只手臂都放松了

我感到两手很沉重

我是安静的，安静的……

➢ 第三节

左大腿的肌肉放松了

左小腿的肌肉放松了

左脚指的肌肉也放松了

右大腿的肌肉放松了

右小腿的肌肉放松了

右脚指的肌肉也放松了

双脚都已经放松了

我感到双脚很沉重

我是安静的，安静的……

➢ 第四节

脑门的肌肉放松了

脸颊的肌肉放松了

下巴的肌肉放松了

脖子的肌肉也放松了

头部的肌肉全放松了

我感到头部很沉重

我是安静的，安静的……

➢ 第五节

胸部的肌肉放松了

腹部的肌肉放松了

背部的肌肉放松了

臀部的肌肉也放松了

全身的肌肉都放松了

放松的肌肉很沉重

我是安静的，安静的……

➢ 第六节

我的全身都放松了

我完全摆脱了紧张

我的呼吸很通畅

我的呼吸很平稳

甜甜的空气进入鼻孔

进入我的肺部

我舒服极了

➢ 第七节

我的全身都放松了

心脏在平稳地跳动

心跳的节奏很均匀

我感到轻松

我感到愉快

我感到舒服

➢ 第八节

我正在休息

我正在放松

我正在入静

我什么也不想

我感到轻松和愉快

第三步：催眠

入静、放松，什么也不想，一心想到睡。

催眠师说："闭上你的眼睛，一心想到睡，抛开一切杂念，这里没有打扰你的东西，除了我说话的声音，你什么也听不见了，你已经困倦了，要入睡了，现在我给你数数了，随着我数数，你就会加重瞌睡。"

(1) 一股舒服的暖流流遍全身；

(2) 头脑开始模糊了；

(3) 越来越模糊了；

(4) 现在安静极了，舒服极了；

(5) 你感到眼皮沉重，有一种昏昏欲睡的感觉；

(6) 你已经进入催眠状态，眼睛想睁也睁不开了；

(7) 入睡吧，深深地入睡吧；

(8) 不能克服的睡意已经完全笼罩着你了；

(9) 你已经舒服地睡着了；

(10) 你睡吧，尽情地睡吧！

第四步：催醒

催眠师说："再过五分钟，我将把你叫醒。你醒来以后，将会感到特别的痛快。你会感觉到好像睡了一夜好觉，精力特别旺盛。你的头脑变得清醒。现在我为你数数，从一数到五时，你就会完全清醒，醒来后你会觉得舒服极了。"

(1) 你开始逐渐清醒了；

(2) 你精神爽快极了；

(3) 你的肌肉变得有弹性了，有力量了；

(4) 你头脑清醒了，开始清楚地辨别各种声音；

(5) 你完全清醒了，醒来吧！

第七章

拥有9种阳光心态，催发潜能释放

世界上的所有事物都有着神秘且规律的联系，彼此都不是孤立存在的。作为万物之灵的我们，有着最高的智慧，所以我们一定要挖掘出自身的潜能，并很好地利用它，如此一来，我们才能对自己的一生有更清醒的认识，才能真正意识到自己的自由意志和巨大能量。

不要自卑：相信“能”的人才会赢

布鲁克斯说：“只要你坚信自己行，只要你的目标不是过分的高，就算你经历再多的挫折，也会有成功的一天。”在这个世界上，多数人观望，少数人行动；多数行动的人失败，少数行动的人成功。这是不是就意味着，成功并不容易？当然不是。成功，其实全在于你的信念。

有一个少年，被检查出患了一种会引发失明的疾病。随后，他的母亲就把他送进医院进行治疗。但是，这种治疗并不是百分之百有效，尤其是对身体免疫力较差、情绪低落的少年来说，治疗的效果可能要更差一些。

为了让儿子多晒晒太阳，提高其免疫力，母亲就在照顾儿子的时候不经意地说了一句：“白天阳光太强烈了，看不见光子。但太阳刚刚升起时，阳光不那么强烈，迎着太阳深深地呼吸，就可以看见光子了。”

少年听到这句话，沉默了。此后，他每天早上都早早起床去等候太阳升起，感受早晨的阳光。不久，他的病情竟然奇迹般地好转，失明的迹象也没有了，随之出院。

出院后，他问母亲，光子对他的眼睛究竟有什么帮助？这时，他的母亲才知道，儿子误会了自己的意思。她只不过是希望用一些让儿子感到惊奇的事物来督促他早早起床，晒晒太阳，提高免疫力，没想到儿子竟然将这个物理学上的概念与眼睛的健康联系在一起，而且还真的让它发挥了作用。

这种不可思议的事情之所以会发生，是因为男孩具有强烈的自我效能感。“自我效能感”是由美国心理学家班杜拉提出的一个概念，是指个人对自己能否完成某方面工作能力的主观评估。

20 世纪末，班杜拉在他的研究中捕捉到积极思维的力量，并因此提出了自我效能的理论。该理论认为，一个人能否对自己进行某种行为实施能力的推测或判断，即他是否确信自己能够成功地进行带来某一结果的行为，当答案是肯定的时候，他就会产生高度的“自我效能感”，并去进行那一项活动。

可以说，自我效能感就是人们认为自己能够成功完成某一任务的信念。一个人是否采取某一具体行动，完成一项具体任务，或者努力实现一个具体目标，都取决于他这个信念是否强烈。

需要注意的是，自我效能是高度具体化的，是对具体能力的具体知觉，而不是一种普遍性的控制。这就意味着，如果你想知道一个人能否做好他的工作，你就需要知道他在做那一项工作方面的自我效能感的强弱，而不是看他是否认为自己是一个有能力的人。

罗斯福年轻时，洒脱俊秀，才华横溢，深受人们爱戴。某日，罗斯福在加勒比海度假，游泳时突然觉得腿部麻木，动弹不得，经他人救助才避免了一场悲剧的发生。大夫诊断后证明罗斯福得了“腿部麻木症”，大夫对他说：“这可能会严重影响您正常地行走。”罗斯福并未被大夫的话吓倒，反而笑呵呵地对大夫说：“我还要走路，并且我一定能走入白宫。”

在竞选总统时，罗斯福对助手说：“请安排一个大讲坛，我要让所有的选民看到我这个患麻木症的人可以‘走’上台演讲，而不需要什么手杖、轮椅！”当天，他穿着笔挺的西装，眼神充满自信地从后台走上演讲台。他每一步的举步声都让在场的人深深地意识到他坚强的意志及信念。

后来，罗斯福成为美国政治史上唯一一个蝉联四届的伟大总统。

“我能行”“我可以”……拥有类似于此的乐观信念正是很多人成功的因素。这是因为，每一个人的每一种行为的启动及行为过程的维持，都取决于其对自己相关行为技能的预期和信念。

这就意味着，在素质相近的条件下，那些对自己实现特定目标的能力有信心的人往往会坚持得更久，进而更可能获取成功；而那些认为自己“不行”的人，则因为迟迟不肯行动或者无法坚持到底，使得潜能无处发挥，其挑战往往以失败而告终。

不悲观：用乐观激发人生的奇迹

不管是乐观还是悲观，都是人的一种思维模式的反映。思维模式是指人们在对生活中发生的各种事情所采取的分析理解方式。不同的人在对待同一件事物时，会采用不同的思维模式，并得到不同的结果，例如乐观的处世态度或悲观的处世态度。

所谓乐观，就是对可能产生的结果做一种最好的期望。从心理学的角度来说，乐观是一种寻找、回忆及期待快乐感受的趋向。那么快乐又意味着什么呢？快乐是来自自己一个人的“园子”，而不是把眼睛盯向别人的“园子”。换言之，一个人的快乐是取决于如何对待周围的事情，而不是周围事情的本身，也可以这样说，一个人的快乐主要取决于自己，而不是他人。

认识客观事物的能力是人有效发挥其功能的基本要素，也是保持健康的先决条件。

乐观主义者有很多特征，其中最为常见的是他们总能看到事情好的一面，并且会真诚地希望事情能以自己所期待的方式进行。这一期待能让一个乐观主义者为事情的最好结果或是为改善事情进程做出自己最大的努力。其次，乐观主义者还会把发生在自己身上的事看成是可以控制的。当一些不好的事情发生在乐观主义者身上时，他们会觉得自己不应该被这些所压倒与制伏。因此，乐观主义者绝不是那种无视或者轻视事实而盲目乐观的人。有一位美国科普作家曾把乐观主义者形象化地概括为："在你的精神生活里有两位律师，一位负责收集'生活是可怕与令人恐怖'的证据；另一位则负责收集'生活是非常美好'的证据。而你就是法院中的法官，你有权提取任何一方的证据，并且你的决心起着决定性的作用。那么当你在审理案子的时候，就会意识到，取哪方证据会得到更多的快乐、平和与舒适。"

乐观主义还是一种免疫促进剂，根据心理神经免疫学的观点，乐观是正面的精神状态，能促进大脑的精神控制中枢，使脑干系统产生如神经肽这样的一些化学物质。而很多免疫细胞对这些化学物质又相当敏感，从而就会达到增强人体免疫能力的功能。科学家还发现，悲观者对癌细胞的免疫功能明显偏低。

美国某研究小组对某学院大学生追踪十余年的研究发现：持悲观态度者在一年中，生病的天数要比持乐观态度者高出两倍多，而平均看病的次数是持乐观态度者的四倍。在患病的学生里，有 95% 患的是喉咙痛、流感、感冒、肺炎、中耳炎等传染病，由此可以说明，乐观能增强人体抵抗疾病的能力。

据美国某项研究报告指出，乐观还可能会降低老年人中风的危险性。研究人员在调查了 2500 位年龄在 65 岁以上的老年人后发现：一位乐观的老人在面对问题"你是否快乐"时，回答总是"是的"，这类老人中风的可能性常常会比较低。对于男性，其中风的可能性可下降 41%，对于女性，则会下降 18%。

乐观可以通过促进人体内部机制的变化加速，帮助病人战胜疾病，恢复健康。因此，乐观对治病的正面影响要比预防疾病更加明显。美国波士顿总医院的一个研究小组对患有顽疣症的病人进行催眠，并告诉他们，自己已处在催眠状态，身体也正在恢复之中。奇迹出现了，所有病人的顽疣消失了。

在治疗严重的疾病时，乐观同样具有意想不到的作用。在美国一项涉及 649 个肿瘤专家与 10 多万个接受治疗的癌症患者的全国性调查中，有

90%以上的肿瘤专家认为，在治疗有效果的心理社会因素中，最明显的因素是病人对治病抱有希望，并保持乐观的态度，另外，还有几项相关研究也都证实了这种观点。

在生活中，对未来乐观的人一般比较长寿。而那些相信自己健康状况不好的人，就算他们的健康状况良好，其早死的危险性也同样会增加。相反，那些相信自己健康状况良好的人，就算实际检验结果显示他们的健康状况较差，其早死的危险性也会减少。

乐观是维持生命的一个强有力因素，也是决定一个人是否健康的主要因素。现在，越来越多的医生会向人们表达这样一种观点——对任何一种正面精神因素来说，乐观更可能创造出健康与治病的奇迹。

不贬低自我：否则永远成不了贵族

有这样一位公司负责人，他身为董事长却总是战战兢兢地走进董事会会议室，他的这种表现就好像他完全不能担任董事长这一职位，当然，这样的他在其他职员面前也没有多大的威信。他自己竟然也很奇怪，自己怎么会这样，自己怎么会这么没有魄力，自己为什么很少受人尊重。

事实上，他应该好好自我反思一下，如果自己都看不起自己，自己都觉得自己很无能，那又怎么能希望其他人好好地对待自己呢？

在现实生活中，很多人不是因为别人看不起而垂头丧气，恰恰相反，很多人却是自己看不起自己，所以变得颓废消沉，毫无斗志。这些人犯了夸大自己身上存在的缺点和毛病的错误。这样的人，注定只有一个结局，那就是：你只会因为自我贬低而与成功无缘。

贬低自己的做法，不仅对自己没有丝毫的用处，很多时候还会导致弄假成真的局面，使别人以为你真的是你自己所说的那么一个人。我们不妨这样思考一下，别人与你来往或多或少是想到你或许会对他有用，可你却一再声明自己毫无用处，其结果如何我们也就显而易见了。

如果我们想拥抱成功，想掌声和鲜花萦绕在我们周围，想达到高贵杰出的境界，那我们就应该向上，向上，再向上。有时间不妨多想想我们好的、崇高的一面。只要我们能更好地发掘出自己身上的潜力和伟大杰出的一面，那么，我们还会对自己没有信心吗？我们还会担心与成功失之交臂吗？

有一个42岁仍一事无成的法国人，他认为自己的生活简直是一团糟：离婚、破产、失业……他不知道自己的生存价值和人生的意义。他对自己的状态非常不满，原本开朗的他变得古怪、易怒、不堪一击。

命运总是充满转机。一天，一个吉普赛人在巴黎街头算命，他在百无聊赖下随意一试。

吉普赛人看过他的手相之后，惊讶地说："你将是一个伟人，你的一生注定是伟大的一生！"

"什么？"他大惊失色，怀疑地问，"我是个伟人，我想你搞错了吧？"

吉普赛人听后只是平静地说："您知道您是谁吗？"

"我是谁？"他暗想，"我不过是个倒霉鬼，是个穷光蛋，是个被上帝遗弃的人！"但是他仍然故作镇静地问："我是谁呢？"

"您是伟人，"吉普赛人说，"您知道吗，您身体流的血、您的勇气和智慧，都是拿破仑的啊！先生，难道您真的没有发觉，您的面貌和拿破仑也大体上相像吗？"

"不会吧……"他迟疑地说，"我离婚了……破产了……失业了……我现在一贫如洗，身无分文……"

"别那样说，那些都只能代表您的过去"，吉普赛人继续说，"相信我，您的未来可不得了！如果您不相信，就不用给钱好了。不过，五年后，您将是法国最成功的人啊！因为您就是拿破仑化身！"

他表面极其淡定地离开了，但心里却有一种从未有过的伟大感觉。从这以后，他对拿破仑产生了浓厚的兴趣。他千方百计、想方设法找与拿破仑有关的书籍著述来学习。很快，他发现周围的环境开始改变了，朋友、家人、同事、老板……几乎所有的人都换了另一种眼光来对他。事情也开始顺利起来。

后来，他才领悟到，其实一切都没有变，变化的只是自己：他的胆魄、思维模式都在模仿拿破仑，甚至就连走路说话都像。

在他55岁的时候，他成了亿万富翁，他成功了。

从这一事例我们可以看出想象心理作用的重要性，把梦想图像化，想象成为贵族的情景，想象一部电视片里贵族的动作、服饰，以及贵族为人处世的方法，把自己想象成他，同时，从每一个细节之处改变自己的动作、行为以及为人处世的方式。那么，不久你就会惊奇地发现，你离贵族真的并不遥远。

我们一定要明白，你有权利去做你愿意做的事情，不要再低声下气，不要再妄自菲薄，你没有对不起任何人，你完全可以挺直腰板像贵族一样说话、做事、做人！

所以，请不要贬低自己。

不被压力压倒：用适度的压力激发潜能

生活中，越来越大的压力让我们情何以堪？如何才能很好地去面对压力，承受压力，解决压力呢？积压大的时候，工作劳心劳力，心烦意乱，甚至让你感到一切都了无生趣。然而上帝关了你的门，一定会为你开一扇窗，因此压力可能转化成你的动力。适当的压力不但能提高你的斗志，而且能激发你内心的潜能。

有一位拳击评论家说得好："把人打倒的不是重拳，而是暗拳。"现如今，把人打倒并阻止潜能发挥的，并不一定是压力，而是自己的心态或心理承受力，但也不可否认，压力是当代人面临的严峻问题之一，我们每个人无论贫富贵贱，都同样受着压力的困扰。

事实上，任何人的一生中都会有压力。说到压力，问题不是“你是否遇到过压力”，而是“受到什么压力的影响”及“这些压力是怎样影响你的”。有些压力，随着你养成正确的思维方式，就能够完全避免，而有些压力则无法避免，所以，我们有必要学会怎样对付它。

有人说：“需要是发明之母。”同理，压力可以称之为“潜能之母”。压力可以促使人寻求更好、更聪明的处世方式，会激发人的潜能，从而创造出惊人的业绩。媒体上常有此类报道，有些演员当有重要观众来观看演出时，他们的表演往往特别出色。运动员也是如此，有些运动员在大赛中，水平发挥得极好，可以打破世界纪录。这是因为他们感到了压力，并让压力产生了正面效果——激发出了潜能。

很多人都愿意接受身体上的刺激与震撼。他们常常甘心自掏腰包去观看恐怖电影，或者乘坐那些惊险刺激的游乐设施，比如翻滚过山车。他们这样做，只是为了享受那种“被吓得半死”的身体刺激。但这种做法如果用到精神方面，将会收到意想不到的效果。

在正确认识压力的同时，我们还应该感谢压力所赐予的“副产品”——它能激发人的潜能。古人云：“破釜沉舟，百二秦关终属楚”“置之死地而后生”。意思是说，事情往往到了紧要关头才会有转机，当事者才不得不绞尽脑汁，思考转危为安的方法。因为，压力可以激发他们的潜能和灵感。

莱克尔是两个孩子的母亲，十几年前，她失业了。当时，她已经离婚，又没有固定的收入。由于未受过正规教育，又没有谋生特长，生存危机顿时降临到了她的头上。屋漏偏逢连夜雨，在尝试着创业时，她又选错了从商时机，所有的努力都付诸东流，境遇比先前更惨。可是，她并未因此放弃希望。

无奈之际，莱克尔带着两个女儿回到了故乡夏威夷。一天，她去市场买罩袍，发现这些服装只有一种尺码，并且花色非常单调，缺少应有的变通。这种服装由当地的染织厂生产，样式千篇一律，做工也很粗糙，很不适合人们在特殊场合穿着。危机中的莱克尔立刻意识到这是个商机，遂决定改良这种产品，以满足人们的不同需求。

当时，朋友对她的想法提出过质疑，但莱克尔充满了信心。她以仅有的100美元作为投资，开始在家为他人改缝由她设计的衣服。由于她改缝过的衣服美观、实用且风格独特，因而受到当地人的欢迎。她的生意越做越大，后来成立了自己的服装公司。莱克尔在压力中释放出的灵感和潜能，不但挽救了危机中的自己，而且还促成了她事业上的成功。

莱克尔的事例在生活中并不少见。但一个养尊处优的人是不可能想到这样做的，因为这样的人没有压力感，根本不会去积极发掘自身的潜能。而人们一旦调动起自己的潜能，其力量是令人惊讶的。正因为如此，成功学学者安东尼·罗宾才说："压力其实并不可怕，可怕的是我们是否受压力的摆布。"命运是由自己来把握的，我们应该主宰命运，应该向压力发起挑战。

大凡有所成就的人，都经受过无数次的压力，一个时常生活在压力中的人，才更看重自己才智的发挥。所以，我们不应逃避压力，相反，为了挖掘自己的潜能，还应适时地为自己创造一定的压力环境。

不被习惯所掩盖：习惯是能量的储蓄，是巨大的潜能

习惯是一种惯性，也是一种能量的储蓄，只有养成了良好的习惯，才能发挥出巨大的潜能。

1. 认清自己的坏习惯

要认清自己的坏习惯。而认清自己的坏习惯最主要的就是要多进行自我反省，审视自己的固有习惯。因此，我们要尽量做到"吾日三省吾身"，

不断增强自己的分辨能力，在看到别人的坏习惯时也能主动地反观自身，使自己及早地了解自己的习惯误区，进而改正之。

（1）不易自察的坏习惯：

①过分追求完美。许多人总是对自己或他人不满，一味追求完美，但实际是没有绝对完美，所以也不要过于苛求自己与他人。

②亦步亦趋，人云亦云。总以为随大溜是对的，其实是抹杀了自己的创造性。

③情绪波动。人们在情绪波动时不会注意自己的情绪，而平复后又总是忘记波动。

④眼高手低。许多人总是会纸上谈兵，但是一旦去做，却发现并不能胜任。

⑤过于自信。自信心的膨胀会燃烧掉理智，酿成错误。

⑥做事马虎。马虎行事，草率大意的人也不会注意到自己的马虎所造成的失误。

（2）改掉你的坏习惯。

如上所言，一个人只有在认清了自己的习惯后，才能改正一些不良习惯。所以需注意以下几点：

①分辨自己的习惯，判断出其中的优劣。

②从现在开始改变坏习惯。如果已经发现自己有某种不良习惯，就要立刻下定决心去改正，千万不能一拖再拖。

③努力改善自己所处的环境。一个人改变不了世界，但是可以改变自己，改变不了大环境，但是可以调整一下自己所处的环境，改变一下自己的工作环境、学习环境，使其能更好地为自己服务。

④坚持不懈地去改正。因为习惯一旦形成之后就非常顽固，不是一天两天，一次两次就能改正的，要想彻底改正不利于个人发展的坏习惯，就要坚持不懈地去努力。

（3）改正不良习惯的原则：

①发现自己的坏习惯，并积极主动地去改正。

②明白欲速则不达的道理，慢慢改正坏习惯。

③坏习惯是在不好的环境中养成的，所以要想改正坏习惯就要远离滋生坏习惯的环境。

④要经常注意自己的改进，并不断修正在改进中产生的不良表现。

⑤从坏习惯的对立面去做。很多人看起来未必比别人更聪明，也未必是饱读诗书，学富五车，但是他们却仍旧能够取得成功，那么，这到底是为什么呢？究其根本，就在于他们自身所拥有的良好习惯。相反，很多在我们看来非常有才华和能力而且又积极上进的人，却还饱尝失败的滋味。究其原因，很大程度上应当归咎于他们自身缺乏一些良好的习惯，同时也没有能够认清自己的坏习惯。

2. 使敬业成为习惯

敬业，从低层次来说，就是“拿人钱财，替人消灾”，换句话说，你拿了老板的钱就得对老板有个交代。如果上升一个高度来讲，就是尊敬并重视自己所从事的职业，把工作当成自己的事业一样去努力或经营，秉持认真、负责、任劳、任怨，努力克服工作中遇到的各种难题，努力把自己的工作做到最好。

具有敬业精神并不一定成功，但缺乏敬业精神则一定不会成功。你的敬业所带来的直接结果是企业的不断发展以及个人事业的成功，但你的不敬业并不会对公司带来严重的影响，长此以往，只会葬送自己的大好前程。

实践表明，但凡在工作中取得成绩的人几乎都是敬业的，因为他们能从工作中学到比别人更多的知识，并提高自己的能力，而这些正是他们向上发展的踏脚石，就算他们以后换了地方，从事不同的行业，丰富的经验和良好的工作方法也必然会为他们带来帮助。

你的敬业精神也会为你带来一路顺畅。

3. 改掉眼高手低的习惯

现实中，有些人养成了眼高手低的坏习惯。这种人，无论是生活中还是工作中，老想着干大事，对小事不屑一顾，即使做了，心里也是很不情愿，总觉得不舒服、受委屈。下面的故事，对眼高手低的人是很好的借鉴。

一位在美国留学的计算机博士，辛苦了好几年，总算毕业了。可是，虽然拿到了响当当的博士文凭，却一时难以找到工作。没有工作，生计没有着落，这种日子可是不好过。他苦思冥想，终于想到了一个绝妙的点子。

他决定收起所有的学位证书，以一个最低的身份去求职。这个法子还真灵，一家公司老板录用他做程序输入员。这工作对于他来说简直是高射炮打蚊子——大材小用。不过，他还是一丝不苟，勤勤恳恳地忠于职守。

没过多久，老板发现这个新来的程序输入员非同一般，他竟然能看出程序中的错误。这时，这位小伙子掏出了学士证书。老板二话没说，立刻给他换了个与大学毕业生对口的职位。

又过了一段时间，老板发现他时常能为公司提出许多独到而有价值的见解，这可不是一般大学生的水平呀！这时，这位小伙子又亮出了硕士学位证书，老板看了之后又提升了他。

他在新的岗位上做得很出色，老板觉得他还是与别人不一样，非同小可。于是，老板把他找到办公室，对他进行询问，这时，他才拿出博士证书。老板这时对他的水平有了全面的了解，便毫不犹豫地重用了他。

4. 培养即刻行动的习惯

《英国十大首富成功秘诀》杂志曾经分析并归纳过当代英国顶尖成功人士的成功秘诀：他们的成功不仅是因为有深思熟虑的能力、高瞻远瞩的思想，而且主要是他们能够审时度势后立即付诸行动。事实的确如此，让我们看看成功人士对行动的论述，就不难发现行动的重要性。

拿破仑·希尔说：“现实是此岸，理想是彼岸，中间隔着湍急的河流，行动则是架在河上的桥梁。”

比尔·盖茨说：“想做的事情，立刻去做！”

但凡成功人士都养成了即刻行动的习惯。因为他们知道，只有行动迅速才能使自己在激烈的竞争中占据更为有利的位置，才能把握住一个个转瞬即逝的机会。然而，生活中偏偏就有很多人养成了拖沓的坏习惯，他们以“我还没有准备好”“条件还不成熟”等借口推迟行动，当然成功也就与他们无缘。

不被惰性所消磨：惰性的背后就是潜能

惰性的背后就是潜能。人有惰性，是本性使然。所以要通过读书、教育、训练，去改变这种惰性。实际上，每个人惰性的背后，如同硬币的背面，翻过来就是别样的潜能。许多人因为惰性，在不敢或不好意思的借口下，给自己画地为牢。实际上，在志向和胆量的冲击下，人不仅可能，而且完全有能力发挥出潜能来。

处于倦怠之中的心灵是难以获得充实的，人们常说这种心境有点像“内心长满了草”。慵懒会造成很多问题，比如：意志力的削弱，萎靡不振；身体上的伤害；对各种错误问题习以为常，不思进取；内心上的煎熬，看不到希望。让我们一起来看看懒惰究竟会给我们带来哪些后果。

23岁的杨某，因父母从小对其溺爱而懒惰成性，某年底饿死在家中。

其堂兄说：“杨某8岁时，父母出门还用担子挑着他，不让他走路。”

老师说：“这娃其实挺聪明，就是不肯学。只要稍微对他严厉点，他就告诉父母，他父母次日必然会找到学校来。”

邻居说：“这娃有时也试着做事，父母看见后却对他说，你去玩吧，别累着。”

13 岁时，杨某的父亲因病去世后，一切农活和家务都由他母亲承担。后来，母亲的身体越来越差，不得不叫杨某去干活，可他根本不理，为此还时常打他母亲。结果他母亲积劳成疾，因病去世了。那年，18 岁的杨某卖光了家里所有值钱的东西，以讨饭为生。数月后，堂哥让杨某去建筑队干活，他嫌热不干；有人介绍他到酒店上班，去了之后却什么也不做，还要别人伺候他，最后被酒店开除了。

杨某从不洗衣服，穿脏了就扔掉，重新换一件。有人给他菜，就只顾放在那里，把菜放到发霉也懒得去做。讨来一顿饱饭吃，就睡上一两天，饿得不行了再出去讨饭吃。

天冷的时候，杨某连厕所也懒得去，直接在屋里解决。为了取暖，他把家里所有能烧的东西全都烧了……后来在纷飞的大雪中冻死了。

这是一个极端的懒惰案例，虽然生活中没有几个人真的会达到这样的程度，但这个案例却将我们的懒惰放大了一倍，让我们更加清晰地看到了懒惰造成的严重后果。

心理学家认为，人的懒惰并非天生就如此，或者说，并非无法改变。实际上，我们的大部分懒惰的习惯，是由于后天学习的结果。同样，我们也可以经由点滴的学习来改变自己。如果你真正的从作为中体会到快乐，或者在不作为中体会到痛苦，你就可以培养自己迅速有效的行动力和反应力，而不是在慵懒中沉沦下去。你不妨遵循以下步骤来克服惰性：首先，要认真反省惰性对自己造成的伤害，找到你为什么会懒惰，是什么原因让你没有行动的热情。找到根源后，就要从根源入手，分析可能的改变方法。其次，拟订一个计划，按部就班地做好应该做的事情。最后，也是至关重要的一点，一定要保证今日事今日毕。

在比尔·盖茨很小的时候，他的外婆就发现小盖茨的记忆力和思考力与众不同。于是她要求比尔·盖茨每天都要背诵一定的段落且思考一些问题，如果完不成这些任务，就不可以出去玩耍。在外婆的逼迫下，比尔·盖茨每天都按时地完成了任务。从外婆那里，盖茨学到很多东西，其中之一就是“今日事今日毕”。他每天都会告诉自己，今天的任务就应该在今天完成，因为明天还会有更多的任务摆在你的眼前。经过这种训练，盖茨养成了一个习惯，就是从来不把今天的事情拖到明天去做。

即便是天才也需要99%的汗水和努力，没有人可以毫无作为地收获成功。其实我们通过与生活中的实际情况对比，就可以清楚地看到，那些努力的人往往到最后都能收获一个不错的结果，至于懒惰的人自是不用说也会被人排斥。

不要让懒惰成为命运的舵手，否则就会成为懒得将潜能发挥出来的无用之人，到那时你会发现，你的潜能总是没有用武之地。

以下几点是克服懒惰的好方法，不妨试一试：

（1）树立责任心。

（2）培养热情、积极的生活态度。

（3）树立高尚的生活目标和理想。

（4）保持规律生活。健康的生命活动是有规律进行的，一个人起居有常、三餐适时、劳逸适度是身体健康的保证。懒惰之人往往散漫成性，生活杂乱无章，睡无时、食无量，身体各系统的功能活动很难与如此多变的环境相适应，久而久之，身体健康会受到摧残。

（5）坚持健身运动。健身房逊色于日常劳作，日常劳作是最好的运动方式，去健身房运动有时间、地点的限制，还要花费钱财，动作往往是单一机械地重复，不利于开动脑筋，既单调乏味又难以长久坚持。日常劳作多种多样，多需心、眼、手、足一起活动，健身又健脑，且通过劳动还创造了美好的生活，自有一分收获的欣慰。这些良性刺激都有助于人的健美。

不被恐惧控制：突破内心恐惧，释放无限潜能

人类面对危险时会分泌出大量的压力荷尔蒙，战斗或是逃跑都是为了消除恐惧感而产生的最原始的本能冲动，前者将恐惧转化为力量正向释放，让自己变得更强；后者将恐惧转化为负向力量压抑和隔离自己，让自己变得更弱小。

如果逃避没有好处，那么为什么不去战斗呢？当人们选择逃避后，失败带来的恐惧感往往无法消除，于是需要极大的毅力来压制自己的恐惧情绪，并会为此消耗掉正向思考的力量。人们想要逃避恐惧的时候，往往会用其他情绪，比如愤怒，来掩饰和压抑。心理学实验证明，压抑自己的情绪会消耗认知资源和理性思考的能量。

心理学家找来两组人参与实验，让他们分别看同样的配有文字资料的血腥的图片，一组人要求尽可能掩盖自己的真实情绪，比如不要表现出厌恶等情绪，另一组人则不作要求。

看完这些图片对两组人进行生理反应测试，如血压、心跳等，此外还测试人们对文字资料的回忆程度。结果发现需要掩盖真实情绪的那组人心跳、血压变化更大，且很久不能恢复正常，更主要的是他们记住的有效信息更少。

可见，一味的压抑内心的恐惧感是无法真正消除恐惧的，我们需要将内心的恐惧表达和释放出来，才能更加理性的思考问题。这种释放通常也会让自己逐渐变得更加强大。

当你极为珍视的帽子或钱包遗失了，你会不会迟迟不想去买一个替代品，即便没有帽子会被太阳晒，没有钱包各种磁卡和零钱无处安身？当你自信学得很好的课程考试成绩被另一个同学超越，你会不会以后再也提不起来对这门课程的兴趣？当你千辛万苦买来了电影票，会不会因为迟到了十分钟，而产生不圆满的感觉索性不去看？

面对失去或失败，弱者常常选择用近乎于残忍的惩罚来压抑自己的恐惧，来成全理想的完美性。然而当人们试图压抑自己的某种恐惧时，这种恐惧已经在人们的心里生根发芽，吸取人们内心的能量，蔓延扩散，让人们无法回避、忘记，更难压抑。恐惧会扰乱人们的判断力，引导人们把所有看起来像是威胁的东西都视为真实的威胁。比如，一个人在作弊的时候会觉得老师总是盯着自己看，连老师咳嗽一声都觉得比平时声音大，好像是在提醒自己可能已经被发现了；一个蹩脚的演员在台上紧张地表演时总能感觉到别人的嗤笑和不屑眼神，从而挫伤自尊；看完凶杀电影，走夜路看到别人看了自己一眼，就会不由自主的思考，那个人在打什么主意？他想伤害我吗？实际上，人家在看你旁边的那个人。

面临危险、困难与挑战，人们的抉择不同，选择战斗的人通过释放恐惧，让自己变得勇敢、坚定，成为掌控自己命运的强者；不想去面对恐惧的人只能任由恐惧膨胀，压抑自己，沉溺于恐惧的状态之中。

2008 年 5 月 12 日 14 时 28 分 04 秒，中国西南部四川省汶川县遭受 8.0 级强震，根据不完全统计，遇难、失踪人数超过八万。无数人的家园顷刻间成为了一片废墟，无数人与亲人、朋友阴阳两隔。地震的破坏力不仅停留在可见的层面，对于人们心理破坏的持续性更强。

灾后，研究者发现了一种奇怪的“台风眼”现象——处在台风中心的受灾程度反而没有周边那么严重。在汶川地震后发现，随着灾情严重程度的增加，居民对健康和安全的担忧反而随之降低，非重灾区居民对健康和安全的担忧反而高于灾区居民，这就是“心理台风眼”效应。

地震后的一个月至半年时间，正当重灾区人民勇敢地走出阴影、重新开始生活的时候，周边的人很多依然处在悲伤、恐惧甚至焦虑的状态；对现有的工作、生活，奋斗目标，产生了失望和怀疑情绪。

当我们面临艰难的抉择时，应该选择突破内心的恐惧，释放潜能，与困难作战，成为自己命运的操盘手，而不是任由客观事件主宰着你的生活。

不拖延：拖延是发挥潜能的致命伤

拖延会成为影响潜能发挥的致命伤，这并不是危言耸听。

调查表明，许多人都认为如果时间能重新来过，自己会成为一个成功的人。可是他们偏偏只能成为普通的人，只能在年老时留下无尽的悔恨。实际上，他们并不是不优秀，也不是不具备成功的能力和环境，而是他们做什么事都习惯了拖延。人们往往会用各种各样的借口去掩饰自己的拖延行为，去为自己没能达成的目标和愿望做辩解，这个时候只能使事情变得更加糟糕。

在日常生活中，我们常常会听到这样的话语：“这个计划先放着，等我有时间了我一定去完成它”“等我以后老了，我一定会……”这些话听起来似乎无可挑剔，这些迟早会完成的事只是时间的问题，但是，仔细想来，这些话却是对自己的敷衍，是对自己的不负责任。

即使你想发现自己的潜能，却很有可能因为拖延而变得无疾而终。毕竟有些事情如果你不在第一时间着手去做，那么，很有可能以后就没机会再做了。人生是无常的，谁也无法预知明天的事情，如果老天不给你将来实现愿望的时间，或者你以后根本没有能力去做某些事，你该怎么办？所以，你一定要明白，人生来不得半点拖延，拖延是会害死人的，决定了的事就一定要立即去做，唯有这样，才不会让自己后悔，人生才不会留下太多遗憾。

曾经在电脑行业声名鹊起的张博，小时候就有一段因拖延而遗憾的经历。

当张博还是一个只有6岁的孩童时，有一天，他在院子里玩耍，忽然，刮来一阵大风，把院中央那棵大树上的鸟巢给刮掉在地上，好奇的张博赶紧跑过去一看究竟。

这时，他发现从鸟巢里探出一颗小小的脑袋，原来是一只刚出生不久，正嗷嗷待哺的小鸟。

这个发现一下子激起了他的童心，他决定把这只可怜的小鸟带回家喂养。

但是，当他捧着小鸟来到家门口时，突然想起妈妈以前不允许他在家里养小动物的事情。为了不惹妈妈生气，乖巧的他只好先把小鸟放在门口，自己则进去请求妈妈的批准。

在他的苦苦哀求下，妈妈拗不过他，只好破例答应了他的请求。喜出望外的他赶紧跑到门口去迎接他的小鸟。

可是，当他走到刚刚放小鸟的位置时，却发现小鸟已经不见了。很快，他就从地上的鸟毛和血迹，还有一只大黑猫意犹未尽地舔着嘴巴这些迹象中，弄明白是怎么一回事了。

毫无疑问，那只可怜的小鸟已经进了黑猫的肚子里了。

为此，他十分难过，整整一个下午他都在想这件事情。他一遍一遍地埋怨自己，都怪自己太过优柔寡断，拖延了时间，而让小鸟遭受了厄运。如果当初自己当机立断，直接把小鸟带回家，就不会有这样的惨剧发生了。

于是，从那以后，张博就牢记这一教训，把“绝不拖延，决定了的事就要立即去做”当作自己的座右铭。

年幼的张博正是由于有这样一种思想在激励他，在后来的学习和生活中都表现得非常果断。他雷厉风行的作风，让他长大后终于有了一番辉煌的成就，早早地就成了电脑行业的翘楚。

张博是幸运的，他在失去一只小鸟之后，很快总结出了自己的致命弱点，并从此引以为戒，走上了成功之路，真是不幸中的大幸！而我们呢？比起他来，我们是不是太过放纵自己了？

我们虽然都知道“明日复明日，明日何其多？我生待明日，万事成蹉跎”这样的警世通言，但是，却在实际行动中让这样的悲剧一遍遍地上演，常把“等一等”“看看吧”之类的话挂在嘴边，做着可悲的“寒号鸟”。

在一些危急关头，人们总是能够做出一些出其不意的举动，比如在救人的时候会有常人所不能做到的意外表现，正是这种让自己果断起来、让自己的目标和愿望马上付诸实施、让自己做到“趁热打铁”的思想行为激发出了个人的潜能。所以，不要再让拖延阻挡自己的道路，变成破坏潜能的帮凶。

不要轻易言败：直面你的挫折和困境

在人生的路途上，永远不可能一帆风顺，每个人都可能遭遇逆境、困境或者厄运，逆境无法回避，困境也是生活的组成部分，厄运人人必须面对。有的人即使被厄运撞得浑身伤痛，仍一如既往地对生活怀抱着理想和希望，没有音乐也照样跳舞。有的人与厄运一相遇，心中泛着金属光泽的理想顷刻间就破碎了，从此眼里只看得到自己的失败，认为自己所遭遇的逆境，是横亘在面前的海洋。人生逆境有千种，应变之道有方法。每一种逆境都需要高超的智慧去应对，逃避愚昧，即智慧之始。卓越的人的一大优点是，在不利和艰难的遭遇里百折不挠。

一生中，谁都会遇到困难和挫折。然而，为什么同样的经历，有的人走向了成功，成为了生活的强者，而有的人却被困难的旋涡所吞噬，最终归于平庸呢？其实，成为强者和沦为弱者的分别就是是否能够聪明应对逆境。在遇到逆境的时候，很多客观条件会提示你不要一意孤行，此时你最需要做的就是找到解决问题的方法，或者是另辟蹊径。另外，有些人身处逆境，却永远摆脱不了这个樊笼，因为他没有好的心理。所以，在困难中，我们应该考虑自己的优势和长处，而不是在绝望中度过。否则就会淹没自己的想法，最终失去立场。任何时候，“世上无难事，只怕有心人”是最好的激励武器。只要成为克服困难的强者，必然遇到任何问题都不会泄气，有的只是勇气和毅力。

生活中的挫折和困难是五花八门的，没有一种魔法能够应付所有的困难，但是，以下几点常识性的建议是有益的。

1. 不回避问题

遇到任何问题的时候，都不能躲避。因为所有的困难和挑战不会因为你的躲避而消失。你应该勇敢地面对，当你勇于承担的时候，你内心就会爆发出强大的力量，促使你前进，急中生智，找到解决问题的办法，最终顺利渡过难关。那个时候你就会发现，任何困难有的只是令人害怕的外表，当你找到它自身存在的弱点和缺陷的时候，很多问题都会迎刃而解。

2. 正视自己

在遇到问题的时候，很多人追根溯源，发现原来自己才是罪魁祸首。美国著名的人际关系大师戴尔·卡耐基曾经为一些为工作而烦恼的人出谋划策。通过长时间的观察，他发现这些人都是由于道德上的过失而深感内疚，从而削弱了他们的判断力，最终导致自身的能力无法展现出来。的确，很多人正处于困境中，然而想要摆脱困境首先应该做的就是充分地认识自己，只有这样，才能更容易地打倒困难。

3. 采取某种行动

行动是自信心的伟大缔造者。缺少行动不仅是畏惧的结果，也是畏惧的原因。采取行动也许你能获得成功，或许结果不尽如人意，但是它总比坐以待毙好得多。

4. 不要害怕寻求帮助

在很多人看来，遇到困难或者挫折是非常丢人的事情，所以往往想办法将其掩盖起来。当很多知道这件事情的人想要帮助他的时候，他会说："这是我个人的问题，应当由我自己处理。"其实这种做法是非常错误的。在现实生活中，没有人是不需要他人帮助的，当面对苦难或者是问题的时候，我们的力量是非常有限的，即使有能力解决问题，也不可能做到尽善尽美，所以一定会存在缺憾。例如，当我们生病的时候，或许我们的身体有很强的抵抗力，但鲜有那种不治病就好了的人，所以还是要求助于医生；当你被官司缠身的时候，是要求助于律师的……这些问题都是非常普通和普遍的。所以，在遇到问题的时候，如果别人有能力帮助你，你可以向他们求救。如果他们自愿伸出了援助之手，你应当欣然接受。

另外，在接受他人帮助的时候千万不能挑三拣四，认为只有专家才能帮助你，这种观念是错误的。事实上，没有谁一定比别人优秀，即使是有这样的迹象，或许只是表面的。所以，无论谁想帮助你，你都不能从各方面来衡量，那种行为是非常愚蠢的。

一位美国作家在遭受严重的个人打击之后，认为自己再也不能写作了。他把这一切告诉了他的一个朋友，并且加上一句："不用劝我，我已经没有希望了。"

那个朋友说："那好，我不劝你，但我要给你说说我曾经读过的关于诗的一些事情，诗歌是密尔顿成为盲人之后所见到的。"

朋友的一席话启发了他，于是他重新回到了打字机旁。最终，在写作的道路上，他成功了。

5. 不要对困难"一见钟情"

很多人都喜欢跟困难"交朋友"。第一次见到困难的时候，他还会像对待"陌生人"一样对它敬而远之，可能的话再反驳它一下，但久而久之，当见面的次数多了之后，他就跟困难交了朋友，不仅对它不会产生抗拒，反而对自己所处的环境安之若素，这是非常可怕的。威廉·詹姆斯曾说过："天才的实质就在于知道该忽视哪些东西。"其实这其中的道理也适用于我们对待困难的态度。无论何时，你应该对困难持排斥的态度，而且还要想方设法克服它们。

有人问演员瓦尔特·汉普顿，英语中哪个句子他认为是最难忘的，他从古老的黑人圣歌中摘引出一句话："谁也不知道我所见到过的困难！光荣啊，哈利洛亚！"

这句话里闪烁着夺目的光彩。他们承认人生是充满痛楚、忧伤和苦难的；但是他们却勇往直前，欢呼雀跃——最后两个词回响着他们神圣的信念，人的精神力量能使他们战胜忧伤。

这就是遇到困难时我们应当汲取的。因为对所有人来说，困难是一定会出现的。但是，我们也要认识到，只要我们坚持努力，就没有克服不了的困难。

潜能开发实操

练习1：消灭恐惧

1. 识别恐惧和担忧

请写下你所害怕的事情：

____

____

请写下你所担忧的事情：

____

____

2. 消灭恐惧

如果现在你标出了自己的恐惧，并且都是自己真正害怕的东西，那么你就可以一个接一个地将它们看透。

请在你的恐惧旁边写上相应的消灭恐惧的策略。我们如果只是单纯地将恐惧的事情写下来，自然是远远不够的。是的，我们的最终目的是摆脱恐惧，获得自由。所以，我们一定不要继续强化包含担忧和恐惧的念头，而是必须集中注意力于消灭恐惧上。下面是一个很好的范例，供参考：

- 害怕的事：与陌生人谈话时出丑难堪。
- 外在表现：沉默不语，畏畏缩缩，或者讲话声音细小。
- 解决之道：订阅一套相关日报和两种杂志；参加演讲与口才培训课程；宁可让自己在公众场合出几次丑——出丑多了就不会太在乎了。

练习2：你养成了哪些习惯

观察一下你周围的人，看看他们都习惯于哪些事情？是习惯于简陋的居室、微薄的薪水、冷淡的邻居和刁蛮的同事吗？

____

____

你习惯了什么？习惯于思考成功、快乐、财富，还是错误、担忧和问题？

____

____

从坏习惯中脱身对很多人来说困难重重，摆脱坏习惯的一个前提就是，首先要认识到在我们的日常生活中，我们不知不觉养成了哪些习惯。习惯的东西对我们来说都是再平常不过的了。人们具备习惯一切的能力，甚至连挨打挨骂都可以形成习惯。如果我们习惯了每天挨一顿打骂，一旦突然有一天没有被打骂，我们反倒感觉像是缺少了什么。对自己的种种习惯有较为客观的认知，是自我突破的第一步——对于想要摆脱不良习惯的人来说，更是如此。

练习3：写下你的坏习惯和好习惯

将你在以后的生活中不想看到的坏习惯写下来，这样才足够直观。

____

____

其实，不仅要写出你的坏习惯，你还要对自己的好习惯有一个清醒的认识。

____

____

练习4："盘点"你的兴趣爱好

请你静下心来，写出你的兴趣爱好：

____

____

然后仔细观察你的兴趣爱好清单，认真考虑考虑，哪些领域是自己投入精力最多的？或者干脆假设你已经到达了终点，达到了目标，比如你已经成为某大型企业的销售部主管、三个孩子的父亲……当你想象出这些场景的时候，你有什么感觉呢？

____

____

请你按照自己写出来的，一个一个地想象出相应的场景，想象自己置身其中的样子，聆听自己内心的声音。很快你就能够将真正的爱好与走马观花似的一时兴起区分开来，你也会发现那些自己真正能够成为佼佼者的领域。请你拿出你之前写过的有关"我最擅长的事情"的答案作辅助材料。

第八章

超强大脑潜能开发

人脑与生俱来就有记忆、学习与创造的莫大潜力，你的大脑也一样，而且能力比你所能想象的要大得多。人脑的力量虽令人敬畏，却也难以捉摸。唯有先懂得如何去开发大脑中的无限潜能，才能真正运用这份力量。

挖掘你的创新潜能

创新是人之所以为人的标志，一切神智健全的人都毫无例外地存在着创新潜能，关键就看你是否善于挖掘。

1. 整体思考创新法

整体思考法，又叫全面思考法，是在各种情况下，考虑所有因素的一种思维方法。当你要做一件事、想一个办法，或做一个决定之前，运用整体思考法，能帮你有效地扩展视野，并使你对你的想法所面临的情况进行全面的分析，否则就很容易做错事。

整体思考法是一种重要的动脑方法。在运用它的时候，必然要注意两点：

（1）想问题的时候必须要从整体出发，从全面出发，不能仅从局部出发、片面出发。

（2）当整体利益和局部利益发生矛盾时，要坚持整体利益，放弃或者牺牲局部利益。

以上两点对动脑十分重要。如果不注意的话，就会吃尽苦头、屡遭失败。

2. 综合归纳创新法

所谓综合归纳法，就是在头脑中把客观事物的各个方面综合起来并加以归纳整理的一种思考方法。

综合归纳法也是一种常用的，而且有效的动脑方法。那么，在使用这一方法时要注意哪些问题呢?

(1) 要尽量多地去积累材料，这样得出的结论才真实可靠。

(2) 要避免主观片面性。如果主观片面地看问题，那么就不可能全面地收集材料，也不可能得出正确的结论。雅格布和杜德尔的成功正是因为他们较好地做到了这两点。

实际生活中，有些人不善于运用综合归纳法来动脑，除了未能尽可能多地积累材料、了解情况外，还跟他们不能把这些材料、情况加以综合概括、归纳整理有关，未发现事物间的联系。

3. 掌握替代创新法

替代是应用最广泛的新产品创新方法。特别是随着新材料、新能源、新技术的发展，人类可以用来进行替代选择的余地与空间空前扩大。新产品创新选择奥斯本创新法则中的替代法是企业巧妙嫁接现代科技与工艺的必然结果。

替代法的原理：用一种成分代替另一种成分、用一种材料代替另一种材料、用一种方法代替另一种方法的创造，是从事发明创造的人经常思考的。寻找替代物的过程也就成了解决问题的过程，这是发明创造的思路之一。例如，制造塑料往往用石油做原料。有人考虑到淀粉是天然高分子化合物，其化学结构与聚乙烯等合成的高分子化合物的结构很相似，天然淀粉便成了代替石油制造塑料的好原料。

物质材料的性能千差万别。为了解决某个问题，有时需在不同性能的物质材料之间进行替代；有时又需要在相同性能的物质材料之间进行替代。怎样使不同的物质材料具有相同的或者相近的性能，就成了实现替代的技术关键。如做面包用面粉，能不能用木薯、玉米或高粱粉代替面粉呢？这的确是个难题，难就难在做面包所需要的面筋，只有麦子才有足够的含量。联合国粮食组织的技术员萨丁，经过长期大量的试验，终于发现，只要把木薯粉或其他谷类如高粱、玉米粉在清水里煮沸，便能得到一种有黏性的物质，这种物质便可以取代面筋用来做面包。不用面粉也能做面包，这的确是一项重大突破，一些国家的人可以不用进口麦类便可以吃到面包了。

当今社会，各行各业的竞争日益激烈。我们必须勇于创新，敢于用新事物取代旧事物、新材料取代旧材料、新方法取代旧方法，才能在竞争中取胜。只有大力推行新技术、新材料、新工艺、新方法、新手段等，我们的社会才能快速发展。

4. 利用感官创新法

创新的思路可以从事物的许多方面切入，其中一个重要的思路就是，从五种感官入手，改变一个事物。因此，从视觉、听觉、嗅觉、味觉、触觉五个方面加以改变事物，进行发明的方法，就称为感官利用法；而巧妙地运用其他感官的功能去弥补某一感官的不足进行发明的方法称为感官补偿法。

我们通过视觉、听觉、嗅觉、味觉、触觉，产生对一个事物形状、颜色、声音、气味、味道、重量、质感等方面的认识。好比一个苹果，它圆圆的形状，红红绿绿的颜色，清香的气味，酸甜的味道，100 克 ~ 200 克重，表面光滑如蜡，这些都可以叫作组成苹果的要素。创造性转化方法是指通过对事物要素重组、变更或引入其他因素，使它产生新功能的方法。

人们感知事物需要用自己的感官。在创造性解决问题时，人们也可以充分利用自己的感官，从视觉、听觉、嗅觉、味觉和触觉等感觉的变化中，对原有的事物或产品进行改造，这就是感官利用法。

记忆潜能开发

记忆力是智力的一部分，它是大脑保存信息的能力。记忆是一门科学，更是一种技能，它应该成为一种人人必备的基本学习手段。

在这个知识爆炸的信息时代，铺天盖地的各种知识和信息常常让我们应接不暇。为了适应时代的发展和科学技术的进步，我们别无选择，只能不断地摄取新的知识。这就要求我们不断地挖掘自身的记忆潜能，增强我们的记忆能力。

在这里推荐一个理解记忆的方法。所谓理解，用古语来说，就是不仅要知其然，而且要知其所以然。从生理学角度来说，理解就是在已有的条件反射基础上，去建立新的条件反射，并将新旧条件反射组成系统。巴甫洛夫说过，利用已获得的条件反射就叫作理解。理解就是懂得客观事物的意义，实际上就是利用旧知识去获得新知识，并把新知识纳入已有知识的系统中。

只有理解了的知识，才能记得迅速、全面而牢固。不然，总是死记硬背，就是出力不讨好。不要为自己的记忆力不好而灰心，应该反复检查自己是否真正理解了所要记忆的东西。理解一件事，在记忆的感觉上好像在走远路，事实上，它却是培养记忆力最快的捷径。

1. 如何实现理解过程

要实现理解记忆，首先需要了解如何实现理解这个过程。要知道，分析与综合是理解的实质。

如何进行分析与综合呢？具体可以遵循以下 5 个步骤进行。

（1）第一步：了解大意。当你记忆某个事物的时候，首先要弄清它的大致内容。拿读书来说，先要通读或者浏览一遍。如果是记忆音乐，先要完整地听一遍全曲。了解了全貌才能对局部进行深刻的理解，这就是“综合”。

（2）第二步：进行局部分析。对事物有了大致了解后，就要逐步深入分析。比如对一篇论文，要弄清它的论点论据，根据结构分成若干段落，逐个找出主要意思，也就是要找出“信息点”，加以认真分析、思考，以达到能编制文章纲要的程度。

（3）第三步：寻找重点和关键。也就是韩愈在他的《进学解》中所说的“提要钩玄”。找到文章的要点、关键和难点，并弄明白，牢牢记住。只有在此基础上，才能理解和记住比较次要或者从属的内容。正所谓：

“万山磅礴，必有主峰；龙衮九章，但挈一领。”

（4）第四步：融会贯通。就是将所理解和记住的各种局部内容，联系起来反复思考，全面理解，这样更有利于加深记忆。

（5）第五步：在实践中运用。所学的东西，是否真正理解了，还要看在实践中能否运用。如果应用到实际工作中就“卡壳”，那说明并未真正理解。真正的理解是有具体标准的：一是能够用语言和文字解释，二是会实际运用。在实际运用过程中，会继续深化理解。

2. 如何做到理解记忆

要做到更好地理解记忆，不妨从理解记忆的四个特征入手：

（1）与积极的思维活动相结合，通过分析、综合、比较、归类和系统化等思维活动，把握记忆材料的含义、范围和结构层次，掌握其本质与非本质特征以及事物间的联系。加强对事物意义的理解和整体结构的把握。

在记忆各种材料时，可以通过思维活动，从不同的角度和层次上去理解材料的意义，以增加多种联系和多角度思考，使记忆材料意义更加深刻全面，进而纳入认知结构系统，形成长时记忆。

（2）运用已有知识经验。利用已有知识进行新旧知识的联系与对比，找出相同与相异之处，使新材料或融入已有知识体系，或丰富、扩展已有知识体系。学习新知识时，很好地联系已有知识，是理解记忆法的重要一环，个人已有知识经验越丰富，结构越正确，越有助于理解记忆力的提高。

（3）灵活运用各种记忆策略和方法。针对记忆材料的不同性质、数量和范围大小及不同学习情境和个人情况，分别采取恰当的策略和方法，能加深理解、增强记忆。

（4）复述程度也能表明理解水平，用自己的言语去解释或复述新知识，能增强理解，有助于记忆。

我们从理解记忆的四个特征的掌握情况，来衡量理解记忆的运用水平。如果这几个方面做得好，就可以全面、精确、牢固、迅速地提高记忆效果。

激发想象，挖掘潜能

想象力可以帮你构建命运的蓝图，这种能力在被挖掘的同时你的潜力也在不知不觉中得到了开发。想象力是怎样做到挖掘潜能的呢？你不妨来做一个实验：假设你想获得一个管理职位，现在请这样想象：你坐在那个管理职位专属的办公室里的高级旋转坐椅上，就像你现在舒舒服服地坐在自己的沙发里一样，抬起头，看到办公室的门上写着你的大名，然后有外在形象非常好的秘书走进来，双手递来一些文件，你接过文件，开始用自己的方式处理一些作为一个管理者要处理的事务。当然，你可以再添加一些你更喜欢的场景，如你的服装、办公室的装饰等，越详细越好，以便让这个场景深深地刻进你的意识里。之后，你的潜意识就会为你找到实现这个愿望的途径。

其他的愿望，如一份工作、一辆车子、一所房子、一个企业、一个幸福的家庭、考试高分、重点大学……也都可以靠这样的方法来实现，只要你愿意花时间先在大脑中把它一砖一瓦地建造起来，把每个细节都建好，让你的潜意识看到并相信那是事实，它就会指导你如何在现实世界中将其建造出来。

> 莫扎特享有“音乐神童”之美誉，他能在脑海中构思整首乐曲。他只要动手写第一个音符，就能将整首乐曲一气呵成。他知名的歌剧《魔笛》便是在一场演出前随手完成的作品。他曾自述：“我不是在写音乐，我只是把梦中出现的作品，如实地写出来而已！”“在我的梦中世界里，所听到的音乐并不是支离破碎的断章，而是我可以全部听完的完美乐章，这种感觉就像在天堂一样，不是任何言语所能形容的。”

类似这样的例子有很多：

1865 年，德国化学家弗雷德里希·凯库勒被一种化合物的分子结构给难住了，百思不得其解。这个分子由 6 个碳原子和 6 个氢原子组成，如果按照传统的分子结构理论，让它们组成一个分子好像不太可能。一天晚上，他坐在炉子旁苦思冥想，由于劳累过度，就打起了瞌睡。在梦境中，凯库勒隐隐约约看见长长的碳链像一条条长蛇翩翩起舞，刹那间，有一条蛇咬住了自己的尾巴，在他面前轻蔑地旋转……他如同从电掣中惊醒。那晚他为这个假说的结果工作了整夜。就这样他利用梦境思维发现了苯环结构。

我们应该清楚地知道：自发梦境的启示能够给人以惊奇地发现，是与平时的知识积累和不断的付出紧密相连的。当我们对某一个问题的注意力和想象力非常凝聚时，就会很自然地形成一个思维中心。这个思维中心，如强大的磁场，对相关信息会产生巨大的“引力”作用，使意识——显意识和潜意识，尤其是潜意识在一段时间内，围绕“思维中心”运转，往往会获得创意的点子和智慧。

英国作家瓦特·司各特和美国浪漫主义作家、批评家爱伦·坡有不少书的情节就是在睡梦中获得的。英国作家史蒂文森的著名小说《金银岛》中的情节也来自梦中的构想。英国诗人柯勒律治有一次醒来后一首长诗一挥而就，这首长诗就是他在睡梦中酝酿好的。

丰富的想象力往往能让潜能得以释放。人类的许多成就，最初并不是做出来的，而是想出来的。人们常说：“没有做不到的事，只有想不到的事。”所以，一定得培养丰富的想象力。

（1）重视每一次联想。如果开始联想，中途就不要打断，要一直想到极限。这种飞跃性和持续性的联想是个好方法。

（2）从设计地图、照片中想象实际的情况、现实中的地方和事物。

（3）采用跳读的方式来看书，跳过的地方，运用想象力来补充。

（4）边看推理小说，边推测结果。

（5）在和别人见面之前，事先预想好会出现的情况，并且设想问题。

（6）看看云朵的形状或墙壁上的污渍，然后在脑海中描绘出它的形象。

（7）看一场精彩的体育比赛之后，想象第二天报纸出现的标题，以及报道的内容。

（8）对于没有去过的地方，想象它四周的风景、建筑的样式，以及室内的设计。

（9）在公共汽车内，看见某些宣传广告，便想象其中的内容，然后，与实际的现象做一番比较，这样可以充分发挥自己的想象力。

（10）以琐碎的小事和资料为素材，编织出一个新的故事。

（11）读一部优秀的历史小说或科幻小说，将自己沉浸在另一时空中，使人脱离了现代，陷入一种生活在过去或未来的错觉，这时候，过去、未来是变化无穷的，鲜明的形象会浮现在脑中。这种感觉，可以称为“时间器的感觉”。

（12）适度地玩玩电脑游戏。

（13）关注与接触不同行业的人、尖端领域的理论、想法和技术等。

学会更有效地激发自己的灵感

灵感是什么？灵感是创造性劳动过程中出现的一种功能达到高潮的心理状态，是指人们头脑里突然出现新思想的顿悟现象。它是一个人在对某一问题长期孜孜以求、冥思苦想之后，通过某一诱导物的启发，一种新的思路突然接通的现象。

两千多年前，叙拉古国王希罗要阿基米德在不损坏王冠的情况下检验其中是否掺有其他金属，这个任务难倒了阿基米德。

阿基米德知道最重要的问题是把皇冠的体积测出来，但王冠的形状太复杂了，他茶饭不思地对这个问题思考了很久。一天，他坐在澡盆中洗澡，水溢出来的现象一下子就触动了他——那溢出来的水，不就是自己身体浸在水里部分的体积吗？

阿基米德由此得到了启发，于是他首先称了王冠的重量，然后找来相同重量的纯金。最后，他把两者都放到装满水的盆子中。阿基米德发现王冠和纯金放进盆子后溢出来的水的体积不一样，因此断定王冠被掺了假。在此基础上，阿基米德发现了著名的浮力定律。

灵感是人们头脑中普遍存在的一种思维现象，同时也是人类能够自觉地加以运用的思维方法。运用一定的技巧，灵感就有可能被人们所捕捉和利用。

1. 顿悟型灵感

顿悟型灵感是一种突然的感觉或理解，它是由疑难转化为顿悟的一种特殊的心理状态。

前苏联教育家马卡连柯花了 30 年时间收集和整理了丰富的创作材料，但是却难以下笔——他还没有写作的灵感。直到有一天，他在跟卡米罗·高尔基交谈的时候，突然产生了灵感，茅塞顿开，于是创作了《生活之路——教育叙事诗》一书。

顿悟型灵感的最大特点是自我实现。跟其他类型的灵感不同，它可能跟其他人和事没有任何关系，只是自己的思考已经成熟，是一个“瓜熟蒂落”、自然而然的结果。

2. 启示型灵感

受到别人或者某种事物或事件的启示而激发的创新型思维，称为启示型灵感。启示型灵感十分普遍。

19 世纪 20 年代的英国想要在泰晤士河修建世界上第一条水下隧道。但在松软多水的岩层挖隧道很容易塌方，因此无法施工。一天，一位工程师正在思考这个问题时，无意间发现一只昆虫在坚硬的外壳保护下钻进了很硬的橡树皮里。工程师突然得到了启发：他决定采用小虫子的办法，改变以往先挖掘、后支护的做法，而是先将一个空心钢柱体（构盾）打进岩层中，然后再在这个构盾下施工。这一方法成功地解决了水下作业的问题。

能够启发人们灵感的事物有很多，要如何才能利用这些事物呢？最好的办法就是不轻易放过每一个对我们有用的现象。

一位美国科学家在河边钓鱼时，发现一只静伏在石头上的青蛙总能够准确无误地捕捉到从它面前飞过的昆虫。科学家对身手敏捷的青蛙十分感兴趣，从此以后，他用了两年的时间来研究青蛙眼睛的构造，结果发现青蛙的眼睛和人类的眼睛有很大的不同。通过进一步的研究，他制造出高精度的电子蛙眼。后来，美国空军用20万美元将这个发明买了下来，因为它比雷达能更准确地捕捉到以1.6万千米时速飞行的东西。

3. 触发型灵感

触发型灵感是指在对某个问题进行了较长时间的探索和思考之后，接触到某些事物，这些事物引出了所思考问题的答案或启示在头脑中突然出现的思维方式。

加拿大人詹姆士·奈史密斯博士是美国一所学校的体育教师。他在体育教学的过程中发现有些学生对室外体育运动，如跑步，并不感兴趣，于是就想发明一种全新的室内运动，但是一开始他的思路老打不开。一天，当他看到竹篮的时候，突然想到是不是可以发明一种把球投入篮子的运动呢？后来，他根据这一灵感设计出了“篮球”这一运动项目。

从篮子到篮球，看似十分简单，但是如果没有经过长期的思考准备，这种灵感恐怕不容易出现。

4. 遐想型灵感

遐想型灵感指的是在紧张工作之余，让大脑处于无意识的放松的状态，在休闲情况下产生的灵感。有人曾经对821名发明家进行了调查，结果发现在休闲场合产生灵感的比例比在紧张工作的时候要高。这种调查为遐想型灵感提供了事实基础。

许多科学家、艺术家在进行创造发明、创作的时候，都有这种灵感现象的出现。爱因斯坦关于时空的深奥理论是在病床上想出来的，生物学家华莱士关于进化论中自然选择的观点是在他发疟疾的时候想到的。

当然，遐想型灵感并不是我们只要睡觉做梦、游玩散步就能产生的。相反，思想的惰性、思维的惯性和保守性都是灵感产生的障碍。进行大量的积极思考、付出辛勤的劳动，这才是遐想型灵感产生的重要基础和前提。

5. 梦幻型灵感

科学研究表明，人们在进入睡眠之后，意识会慢慢停止，潜意识浮现出来——这就是梦。梦幻型灵感即是从梦中情景获得有益的认识，推动创新的进程的一种灵感形式。

许多小说家的一些很有名的作品都是源于梦中的情景。英国推理小说家史蒂文森的名著《化身博士》就是源于一个梦中的情节，他曾在自己的传记中说过，他的大部分创作灵感都来自于梦境。史蒂文森习惯每晚睡前给自己的潜意识特别的提示，让梦境详细地延续下去。日本小说家吉行淳之介、齐藤荣等，也经常把梦中的故事写成小说。

爱因斯坦几乎每天都睡午觉，这可以算是他的另一种工作形式。当想不通一些问题的时候，他就会盖上被子大睡，让梦中的灵感为他解答疑问。他在1905年发表狭义相对论之前，曾经花了很长时间对这个问题进行思考，但是有一些疑问仍然无法得到解答。一天，他躺在床上睡着了，突然被一道灵感惊醒，他马上起来记录下来。几周后，一个伟大的理论诞生了。

梦幻型灵感并不是玄之又玄的东西。弗洛伊德关于梦的研究告诉我们，梦其实就是协助大脑将白天吸收的信息做文件储存和整理分类的工作。睡梦中你的逻辑思维已经停止，但是潜意识却一直在辛勤地工作。

激活潜能的“和田十二法”

著名的“和田十二法”是指人们在观察、认识一个事物时，可以考虑的十二个方面，是一种培养创新思维的技法。它可以帮助我们有效地锻炼思维，活用知识，激发潜能。

1. 加一加

在这个事物上添加些什么，比如加高、加宽、加大、加厚、加别的事物等。

2. 减一减

将这个事物减少、减短、减窄、减轻、减薄等。比如常见的信封变成明信片。

3. 扩一扩

将这个事物扩展。比如情侣伞、双人自行车等。

4. 缩一缩

把这个事物缩小、缩短，变成新的物品。比如平面电脑、折叠沙发等。

5. 变一变

就是改变原来事物的性状，比如尺寸、颜色、味道、密度等，产生新的物品。

6. 联一联

把这个事物与另外的事物联系起来，也许就会产生新事物。比如锅巴食品的诞生。

7. 学一学

学习别的物品的长处，在此之上找到新思路。

8. 改一改

发现事物的不足，然后针对不足寻找有效的改进措施，也是创新。

9. 代一代

用其他事物，比如新原料，来代替现有的事物。

10. 搬一搬

把这个事物的设计原理、创意、技术搬到别处，会产生新的事物。比如，激光技术在各个领域的广泛运用。

11. 反一反

寻找这个事物的反面加以颠倒，从而产生新的事物。比如，从吹尘器到吸尘器的改进。

12. 定一定

界定事物的标准，也是出创意的方法。比如，我国茅台酒的“价格年份制”。

“和田十二法”可以简单地归纳为十二个字：“加”“减”“扩”“缩”“变”“联”“学”“改”“代”“搬”“反”“定”，是激发创造力潜能的12种思路。经常用“和田十二法”对生活中的事物进行考察、分析，可以锻炼大脑，帮助我们打开思路、激发创造力。

当然，通过这些方法真正获得创造力的前提是必须重视平时的积累。知识面越宽广的人、横向联系能力越强的人，潜意识的能量也越大。

激发大脑的“头脑风暴法”

头脑风暴法是指以小组讨论会的形式，群策群力，互相启发，互相激励，使人们的大脑产生连锁反应，以引出更多的创意，获得更多的创造性解决问题的答案。精神病学中形容精神病人不合逻辑的胡思乱想、胡说八道的状态，叫“头脑风暴”。头脑风暴法是借鉴了这个词，强调思维不受拘束，创意才能破壳而出。

1. 头脑风暴法的特点

美国人奥斯本创立了头脑风暴法。在1938年，当时非常年轻但没有高学历的奥斯本正在找工作，他看到一家报社正在招编辑，所以打算去尝试一下。在面试的时候，报社主编问他有无经验，他说：没有。当时主编考他的题目是写一篇文章。当他交给主编的时候，主编发现词不达意、句子不通顺、语法错误很多，但却有思想、有主见，所以还是录用了他。当然，奥斯本也了解自己被录用的原因，所以他一再告诫自己一定要有所创新，否则就会丢掉工作。于是每天他都奋发努力，经过几年的工作，他终于获得了成功，不仅获得了很多专利，还成为了美国BBDO广告公司的副董事长。

所谓“头脑风暴法”就是充分发挥大家的才智，大家可以自由发言，这样能够集思广益，找到好的方法。在日常生活中，我们经常会听到大家说“三个臭皮匠，顶个诸葛亮”。这是对集体智慧的强调。在他人的刺激和启发下，其他的人必然也会产生新的想法。这是非常实用的。

2. 头脑风暴法基本原则

（1）自由畅想原则：在思考的时候，要充分敞开思维，突破各种条条框框的束缚，不能缩手缩脚，只有这样才能打开自己的脑袋。除此之外，还要尽力求新、求奇、求异。在思考的时候充分发挥自己的联想和想象，只有这样，才能实现思维的大幅度回转跳跃，最终通过横向思维、逆向思维、发散思维等，找到解决问题的办法。

（2）延迟判断原则：在自由畅想的时候，无论同伴提出什么样的问题都不要对其进行评价，即使不同意也不能马上否定。否则，就会限制大家的思维。另外，还要考虑到，所有新问题的提出过程都是不完善的，这需要大家日后多做工作。所以，在大家充分表达完自己的想法之后，统一起来进行讨论。

（3）谋求数量原则：头脑风暴的时间是很短暂的，人们要尽量想出更多的“点子”，这样才会有更多的选择机会。

（4）综合改善原则：尽量在别人所提设想的基础上加以改进发展，然后提出新设想，或者提出综合改善的思路。因为创造往往就在于综合，在于头脑中已有思想之间、已有设想和新获得的外来信息及设想之间形成新的组合，产生新思路。此外，参与者提出的设想大都未经深思熟虑，很不完善，必须加工整理。并对其综合改善，从而收到事半功倍的效果。

3. 头脑风暴法使用程序及运用案例

头脑风暴法使用程序：

（1）准备：选择主持人。理想的主持人要熟悉头脑风暴法并了解所要解决的问题，能在必要时恰当地启发和引导大家。会议人员的筛选。参加头脑风暴会议的人数以 5～10 人为宜，可根据待解决问题的性质确定人员。

指定一人负责做会议记录，或主持人自己承担记录工作。

此外，还应选择安静的开会地点，做好事先通知。

（2）热身：在开会的时候，为了使大家更为放松，在大家入场的时候可以播放音乐、放些糖果或倒杯茶水……另外，在正式进入讨论之前，主持人可以通过讲笑话来缓解气氛，这样更容易调动大家的思维。等大家真正进入状态之后，再开始提问题。

（3）明确问题：这个环节最主要的角色是主持人。主持人应该首先将所要解决的问题介绍给到会者，进行简单的讨论，得到一致的意见之后，就要重新叙述问题，对问题进行分析。此时可以把原先的一个问题分成几个问题，在主持人的带动和启发下，可以想出多个解决问题的方法。

（4）自由畅谈：这是头脑风暴法的核心步骤。在这个阶段，大家要冲破各种束缚，尽情地提出自己的想法，通过相互间的启发，提出更多的设想，进而为做出最后的选择做准备。

（5）加工整理：主持人应及时收集大家在会后产生的新设想。因为通过会后的休息，思路往往会有新的转换或发展，又能提出一些有价值的设想。曾有一次会议，与会者在会上提出了百余条设想，第二天又增补了二十余条，其中有 4 条设想比前一天提出的所有设想都更有实用价值。除此之外，还要对方案进行评价筛选，看其是否具有新颖性、可行性。

（6）形成最佳方案。将被筛选出来的少数方案逐一进行推敲斟酌，发展完善，分析比较，选出最佳方案，或将几个方案的优点进行恰当组合形成最佳方案。

来一次“双手互搏”

双手互搏是金庸小说中老顽童周伯通自创的功夫。学会这路武功的人，可以左手打一套拳，右手耍一套掌，而这其中的原理之一，就是要求右脑能独立掌控左侧躯体，而不是跟在左脑后面亦步亦趋。不过，左右互搏并不好练，聪明如黄蓉也未能学会，所以我们一开始只能从小做起，一点点锻炼右脑，为提高右脑独立性，增强它的功能以抗衡左脑对身体的影响而努力。

如今很多人都主张开发右脑，这也得到了很多专家的提倡和认可。但是，我们应该明白所有自身潜能的开发都需要有平衡的大脑和身体。而让身体和大脑平衡最简单的做法就是锻炼同时使用双手。下面来教你一些练习左右开弓的方法，这种练习主要是针对你平时不太使用的手。

大家可以通过反向练习进行与你平时的习惯相反的方式练习十指交叉，抱胳膊或者跷腿。这种训练方式就是为了测试你能否使你的没有优势的眼睛眨，或者是看你能够让舌头向两边转。

使用你的非优势手——开始时先在一天或一天中的一段时间试着用你的非优势手开灯、刷牙、吃饭等。在笔记中记下你的感觉和发现。刷牙倒是不难，但用筷子和汤匙就比较难了，用了好长时间我才习惯。不过我从我孩子学习筷子时，就锻炼他同时使用双手，一个手累就换另一个手。

如果你平时使用右手写字，可以尝试着用左手写字。在用左手写字的时候，你可以想一个主题进行下意识的写作，在这个过程中，你会发现自己的思考方式得到了改变，这样可以培养自己的直觉。如果仔细观察，你就会发现很多的书法家左右手都是可以写字的，这样可以使得字形更多、更好看。以前看过一本小说，主人公会双手写字，平时只表现出一个手的字体，然后在关键的时候用另一手写出不同的笔记，来迷惑对方而最终取胜。

在日常生活中写字和画图的时候，你可以尝试一下同时使用双手。可以在纸上练习，也可以在黑板上练习。画几个圆圈或三角形、正方形。用双手同时签名。不少著名画家都可以同时使用双手作画，米开朗琪罗和达·芬奇都可以这样做。你也可以试试，不过最好要坚持下去，做个计划，每天练习一段时间，练习一个月看看效果。

电视节目中偶有嘉宾表演双手齐书，左手写上联、右手写下联一气呵成，通过锻炼，你也可以做到这一点。在心里想好要写哪两句话，一般是诗歌或者对联，然后左右手同时书写，两手分别写其中的一句。多写几次，看看字是不是写得更好，排列是不是更加美观整齐。

以下 3 种方法也不妨练习一下，对于开发你的大脑是很有益的：

(1) 尝试写反体字：平时可以尝试写反体字。这看起来虽然很困难，但经过一段时间的练习之后，必然变得非常容易。

(2) 两侧交叉提神练习：从背后用左手去触摸右脚，然后用右手触摸左脚；抬起右膝触及左手，然后抬起左膝触及右手……这样的练习可以多做几次。这个练习会帮你在学习、工作或者面对创造性挑战时振奋精神，你可以试试看。

(3) 学习魔术或杂耍：最简单的就是用两手拿三个球进行抛掷，看是否能使其循环转起来。试试看，很简单的技巧，非常容易。

你可以尝试一下上面提到的方法。虽然看起来不是很容易，但经过练习之后必然不困难。无论怎样，它们对开发你的大脑是非常有用的。而且是种很酷的技能，练成功之后可以给你的同学表演一下。

锻炼左肢就是锻炼右脑

右脑指挥左侧身体的运动机能，如左耳、左手、左腿等；反过来，左手、左腿等的运动也刺激右脑。有意识地调动左手、腿、眼、耳，特别是左手和左手指的运动，对大脑皮层会产生良性刺激，是开发右脑的有效方法。

日常活动中尽可能多地使用身体的左侧是很重要的。锻炼了左侧肢体，就等于锻炼了右脑。左脑的主要功能是进行逻辑推理和语言表达，与语言、数字以及概念、分析等有关；右脑同时也具有进行空间和形象思维的能力，具体体现在音乐、节奏、绘画、直觉、空间感、整体性以及想象和综合等方面的能力。右脑功能增强了，人的直觉、想象力、空间感、整体性等方面的能力就会增强。平时常见的左肢运动很多，你可以用左手剪纸、写字、画画等；也可以用左手洗脸、刷牙、用筷子、扫地、擦桌子、洗碗、拿东西等；还可以用左手进行体育锻炼，比如左手打乒乓球、羽毛球、排球、网球、掷飞碟、投铅球等。

1. 培养左肢意识

其实，生活中随时随地都可以锻炼左肢，关键是要培养用左肢的意识。

仔细观察你会发现，大多数情况下，我们都是用右手拎包，用右肩挎包，我们要做的第一件事情就是：经常有意识地用左手拿东西，哪怕是一件不起眼的小东西。在公交车上，你该多用左手拉住上面的吊环，车的晃动使手与吊环产生摩擦，那也是一种不花钱的左手按摩；摇扇子可以增加手指、手腕和肘关节的灵活性，在夏天多用左手摇摇扇子吧；习惯将钱和公交卡放在衣服的左口袋里，上车后以左手刷卡或者左手付钱。

有一些并不复杂的左肢运动在任何时间都可以进行，每次几分钟到十几分钟，记住左手是主角，右手是配角。

2. 左手梳发锻炼

人的大脑很容易疲劳，脑力劳动者的大脑更容易疲劳。如果一个人长时间学习功课、做作业，很容易头昏脑涨，致使思维能力下降。这是大脑缺氧的表现。这时，你不妨稍微休息一下，用两手梳头，就会感觉头脑清醒，精力又恢复了。

在中医里，头部有“诸阳之首”的美誉。人体的十二经脉和七经八脉都汇合于此。头部穴位有几十个，约占全身穴位的1/4，还有十多个特定刺激区。因此，常常用两手梳发具有保健之功效。同时，人的大脑表皮下面密布着许多毛细血管，如果经常给以适当的摩擦刺激，可以醒脑提神，促进大脑处于最佳活动状态。古今中外很多人都实践过这种方法。经常梳头不仅可以改善大脑血液循环从而起到健脑的作用，而且还可以促进面部血液循环，有美容的功效。

梳头锻炼的具体方法是：手指分开，呈虎爪状，以指代梳，从前额发际（包括两鬓）抓起，经前顶、后顶至后发，循环往复，直到头皮微微发热为止。梳头时不能胡乱梳，每一次都应该按照上面的方法“从头到尾”。

激发大脑潜能的心像训练

心像，顾名思义就是出现在心中的影像。它不一定是真实的，可能是真实世界在大脑里的反映，也可能本身就是大脑的私家作品。由于心像是以图像的形式存在的，所以它和右脑的关系相当密切。

当一个人看见自己心像的时候，他的注意力将从外界移到内部世界，外界信息接收降低，而成像又属于右脑的工作，左脑基本处于无事可做的状态进而休息。

右脑不断进行图像处理，想象力和潜意识成为工作的主力，随着心像练习的增多，强度的增大，右脑也就得到了相应的训练。

以下介绍3种激发大脑潜能的心像训练法：

1. 白光心像法

（1）放松地坐在椅子上，进行腹式呼吸。

（2）注意力放在鼻尖处，保持一定时间，直到感觉眉心上方的额头上有些痒。

（3）感觉自己已经打开了额头上的第三只眼睛，想象那里出现了一个小圆点。

（4）想象小圆点逐渐变大，直至为发光的球体，越来越亮，成为一个白色闪光球体。

（5）凝视球体，感到它慢慢变大，进而充满你的整个大脑，最后扩展到整个身体。

（6）光芒从身体中溢出，将你笼罩在光环中。

（7）光环逐渐收缩，变回体内的小球，再慢慢变回眉心的小点。

（8）小点消失后眼前一片黑暗，黑暗中开始出现一些彩色清晰的图像，你感到自信积极。

2. 黄卡残像训练法

（1）制作一张黄色卡片，卡片中心处有直径为3.5厘米的蓝色小圆形。

（2）把卡片放在离眼睛30~40厘米的地方凝视。

（3）30秒后迅速拿开卡片，将目光投射到对面的白色墙壁上，墙壁上出现卡片的互补色（即蓝色）。

（4）看着残像直到它消失。

（5）多练习几次，延长残像停留的时间，随着右脑开发的加深，你将在残像中看到卡片的原色以及卡片上的圆。

3. 图形卡片训练法

（1）制作有明显几何形象的卡片。

（2）将卡片放在眼前30~40厘米处，凝视20~30秒后闭眼。

（3）感觉双眼之间出现物体形状的残像。

（4）通过训练延长残像存在的时间和清晰度，之后则无须利用卡片，而是找身边任意物体进行练习。

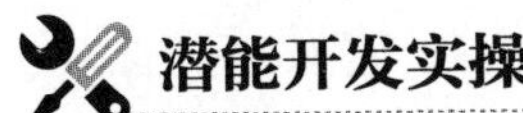

潜能开发实操

练习1：肢体运动

1. 伸展运动

- 站直，左臂向左侧平举。
- 左臂向前划圈，圈由小到大，然后向后划圈，圈由大到小。
- 左臂下垂，然后从左侧伸直上举到左耳处，头不动。
- 左臂返回原位。
- 重复4次以上。

2. 上肢运动

- 站立，背部挺直，左手握拳。
- 左上臂用力，带动整个左手向上举起，直到左臂紧贴左耳。
- 缓慢屈肘然后再次伸直，仿佛手中握有哑铃。
- 左上臂用力，带动整个左手回到原来的姿态。
- 重复4次以上。

3. 下肢运动

- 仰卧床上或垫上。
- 左腿脚尖绷直，向上抬到90°角，再缓缓放回原处。
- 左脚抬起30°角，画圆，臀部不可离地，左腿亦不可触地。
- 重复8次以上。

4. 整体运动

- 站直，左手往上伸，贴近左耳。
- 身体向左倾到极限，保持腰部以下不动。
- 左脚向左侧滑出，放低身体使左手逐渐触地。
- 返回站直的姿态。
- 重复8次以上。

5. 腰腹运动

- 俯卧，左手微弯放在头后。
- 左脚向后抬起，头部和左手抬起，肩部离地。
- 保持几秒钟后还原。
- 重复8次以上。

6. 力量运动

- 左侧身体对墙壁，左手撑墙，微微弯曲手肘。
- 用力推墙壁，弹起身体，手微缩向肩膀。
- 当身体下落时出手，再次推墙壁、弹起身体。
- 重复8次以上。

7. 跳跃运动

- 抬起右脚，用右手在臀部处握住右脚脚踝。
- 以左脚单脚跳跃。
- 重复20次以上。

8. 放松运动

- 抖动左手，耸动左肩。
- 左脚脚尖触地，以左脚脚踝为圆心扭动。
- 向前、向左侧分别踢左腿。
- 重复8次以上。

练习2：为右脑睁开的眼睛

右脑开发需要强化图像信息摄入，重点在于眼部的锻炼，下面几种方式都能有效地锻炼你的眼睛，开发你的右脑。

1. 固定点凝视训练法

- 找出一张白纸和一支黑色笔。
- 在纸上由上往下、从大到小画几个圆点。
- 坐好，深呼吸，使自己变得平静而放松。
- 凝视最上面那个最大的圆点，尽可能不眨眼。
- 感觉那个圆点越来越大，慢慢地充满了整个视野。
- 如果感到自己能保持不眨眼凝视这个圆点很久，目光下移，换一个较小的黑点继续。

2. 烛光凝视训练法

- 关掉房间内的灯，拉上窗帘，点燃蜡烛。
- 把蜡烛放在离你一米半远的地方，保持其高度与眼的高度相当。
- 把注意力放在烛光上，但不要用力看烛光。
- 看几秒钟后闭上眼睛，感觉两眼之间有烛光的残像存在。
- 残像消失后，睁开眼睛继续凝视烛光几秒后闭眼，如此反复。

小叮咛：

注意关上窗户，以免烛火摇摆不定。蜡烛不用太大或太明亮，以免光线过强引起眼部疲劳。

3. 手遮眼训练法

- 看看眼前的事物。
- 略屈手掌，手心中部形成凹陷的空间，遮住双眼。
- 闭眼，深呼吸，再睁开眼进行深呼吸。
- 在此过程中，利用手心遮住双眼造成的黑暗，进行景物残像的描绘。
- 当无法形成任何残像时，拿开手看看眼前的事物后，继续训练。

4. 不确定焦点视觉训练法

- 双手前平举，竖起双手拇指。
- 视线焦点在两拇指之间游走，缓慢呼吸，保持身体不动。
- 暗示自己拇指看不见了。
- 两个拇指变为四个拇指，或者看上去真的消失了。
- 反复练习直到拇指看上去真的消失了为止。

第九章

七大能力开发，引爆你的潜能量

潜能的动力深藏在我们的深层意识当中，也就是我们的潜意识，即人类原本具备却忘了使用的能力，这种能力我们称为“潜力”。在我们身上有很多这种潜力，如意志力、自控力、行动力、学习力等，如何激发这些能力？下面就介绍这些潜力的开发方法，瞬间引爆你的潜能量。

意志力：意志是潜能城堡的钥匙

什么是意志力？意志是指人们为了达到预定目的，自觉调节、控制自己行为，同困难作斗争的心理过程。意志力是人们根据一定的立场、观点、信念，自觉地确立目的，并使用各种方法采取行动的精神能力，包括自觉力、果断力、自制力和坚忍力。

意志力是人格中的重要组成因素，对人的一生有着很大的影响。一个人要想获得成功，必须要用意志的力量来帮助自己。

人生就是一场意志的较量，谁能坚持到最后，谁就是胜利者。爱默生说："生存的目的就是磨炼意志。"从通俗的意义来说，意志力的发展对于一个人的成功是至关重要的。没有人能够预测出意志的力量到底有多大。和创造力一样，意志力植根于人的心态之中。

1. 集中自己的精力

美国著名心理学家、成功学家和意志力训练专家弗兰克·哈德克曾经出版过一本非常有影响力的书《意志力训练》。在这本书中，他强调人们要专心致志、集中精力做事情。那么，如何来集中自己的精力呢？具体可以尝试以下的办法。

（1）保持自己坚决、全神贯注的精神状态。有些人说他（她）总是不能够把自己的精力集中在一件事情上，因为他（她）无法使自己的内心获得平静。他们其实是在欺骗自己。他们心安理得地接受了"我没有能力去集中精力"的观点，他们对集中精力并没有信心。有心理学家建议用学杂耍的办法来锻炼聚精会神。学杂耍的意义就在于要大胆地去尝试，并且坚持到底，总有一天可以学会杂要。

（2）尽量寻找机会强化下定决心的意识。不断地创造出可以使自己专心致志地干好一件事情的机会。专心致志是内在的精神，可以通过强化自我意识来实现，强化自我意识是对自我的一个提升。有了下定决心的意识，做任何一件事都将会如鱼得水。

（3）所有的活动都要投入大量精力。这就好比照相机对焦一样，只集中于一个焦点。一次只做好一件事，直到做满意为止。不要急功近利，要想把事情做好，就必须投入大量的精力，三心二意是不会有收获的。

（4）一定要牢牢控制好自己的精力。人总会受到各种干扰，因此会不由自主地走神。我们有必要创造一个有利于集中精力的环境，比如，需要一个宜人而舒适的环境，温度应该在18℃～28℃，最好不听音乐，不去跟别人聊天，关上门，把容易使自己分心的物品转移到视线之外，把与工作相关的放在眼皮底下等。这些都是一些细节上的问题。

（5）找出自己最佳的工作时间。人的精力和情绪会随时间而降低，而人的黄金时间为最佳的工作时间，此时更容易使人们集中精力，持续的时间也会更长。

（6）做好起跑的准备。在开始做某件事的时候可以深呼吸1～2分钟，让自己意识到即将进入到集中精力的状态，此时，大脑会向每一个神经细胞发出这个信息，身体的每个部分都会主动地配合。所以说，有些忘我工作者会感到身心愉悦，放松之后才发现颈或腿十分酸痛。最好的建议就是，每经过30～40分钟要休息一次。

（7）如果发现自己走神，则要尽快收回。集中精力的时候不要存在幻想。不要想到什么就去做什么，有些人会觉得，假如想到的事不去做的话就会浑身不自在，其实大可不必这样。休息也要讲究办法，单独休息更能保持人们思绪的延续，多人一起休息可能会将思绪拉得更远。

（8）忘记明天。哈佛大学心理学教授艾伦·朗格说：“对结果全神贯注只会使我们变得愚蠢。”当你往远处看，思考未来的时候，你恰恰步出了状态，分散了注意力。注意力集中于未来而不是现在会严重影响任何活动。运动心理学家认为，一位出色的网球选手考虑的是如何打好球而不是考虑如何去赢得比赛。只有打出一个又一个的好球，才会在比赛中胜出。所以，千万要记住：保持最佳状态，时时刻刻集中注意力。

(9) 需要实践。实践才能进步。练多了自会养成集中精力的好习惯。亚里士多德说："优秀不是一个行为，而是一种习惯。"当你养成了集中精力的好习惯时，你就等于收获了一笔巨大的财富。

2. 锻炼耐心

所谓耐心，是指动态而非静态，主动而非被动，是一种主导命运的积极力量，而不是向环境屈服。这种力量在我们的内心源源不断，但必须严密地控制和加以引导，以一种执着的力量投入到既定的目标。忍耐力也可以被认为是需要忍受疼痛、疲劳、艰苦，并体现在体力上和精神上的持久力。因为忍耐力对一个人的成功所起到的作用很关键。

在漫长的人生旅途中，困难无时不在，唯有坚毅的人才能到达最光辉的顶点。每个人都应当锤炼自己精神和肉体上的忍耐力：

(1) 决不沉湎于会降低自己身体和精神效率的活动。很多不良习惯对身体的危害极大，比如吸烟过多，饮酒过量，都对人体具有麻醉作用，会降低人体的忍耐力。当你身体的忍耐力、你的健康，乃至你的生活都不正常时，你的大脑就不能有效地发挥它的积极作用。

(2) 养成体育锻炼的习惯。良好的体质对于人生来说很重要。不要企望拖着病恹恹的身体去承担什么重要工作，更不要企望能做出什么骄人的成绩。对于一个工作狂来说，适当地进行体育运动更有必要。不管是什么类型的体育锻炼，只要能持之以恒，就会有益于你的身心，而且运用超负荷的原则还可以增加自己的忍耐力。

超负荷的原则早已被实践所证明，肌肉的发达与改善是根据你增加给肌肉的压力需要而定的，如果期望不断地改善，随着能力的不断增加，给肌肉的这种压力需要也必须不断地增加。

(3) 强迫自己去做一些紧张的脑力劳动。紧张的脑力劳动可以考验一个人的精神忍耐力。

有时，当精力疲劳，而且精力已到了殆尽的程度时，仍要强迫自己努力工作，这是一条学会在极大压力下仍能继续工作的好办法。学会这个也是运用超负荷的原则。

（4）保持心态平稳。一个人要想获得成功，还需要保持一种平和的心态，佛家把这种心态称为安详，即所谓的得失由然，宠辱不惊。这种心态，是在经历了生命的大彻大悟之后进入到本真境界的自觉状态，它已远离了盲目，抛弃了浮躁。意志力的一个主要“构件”就是耐力；而忍耐的心态，需要一种稳定的心理基础，没有这个基础，坚持无处孕育、无法存活。在这个过程中最忌讳的是心浮气躁。

（5）要一步一个脚印。要培养忍耐力，就需要一种持久的心性，要经得起马拉松式的长跑；要耐住没完没了的纠缠；要承受住一波未平一波又起的争端；也要挺住“君问归期未有期”的凄凉。学会忍耐，学会持久，万不能急于求成。只有一步一个脚印，才能夯实基础。

（6）保持最佳状态。以最佳的体力和智力状态完成各项工作，常常是对忍耐力的最好考验，也是保持勇气、保持耐力的一种好方法。

自控力：用自制力激发内心的潜能

自控力是人生的方向舵，会使你的人生之舟避开暗礁、旋涡，永不覆灭。失去自控力将使你在欲望、情绪的泥沼中无法自拔。

自控力强的人，能理智地控制自己的欲望，分清轻重缓急，然后再去满足那些社会要求和个人身心发展所必需的欲望，对不正当的欲望则坚决予以抛弃。

自控力强的人，在崇高理想的支配下，能够忍耐克己，为事业、为社会做出惊天动地的大事。邱少云在侦察敌情时，为了不暴露目标，忍受着烈火烧身的痛苦，直至英勇献身。这是高度自控力的光辉典范。

自控力薄弱的人遇事不冷静，不能控制激情和冲动；处理问题不顾后果、任性、冒失。这种人易被诱因干扰而动摇，或惊慌失措。

想要提高自己的自控力，需要做到以下几点。

1. 克制诱惑

首先应当提高自己的识别能力，增强自己的“免疫力”，在诱惑面前要能把握事物的优劣主次，分清哪些是自己通过努力能够达到的，哪些又是自己即使努力也不会达到的。特别是当有诱惑力的事物遭人反对时，更应该多听听、多看看，冷静地思考一番再决定取舍。在诱惑面前，人的意志力相对薄弱，容易作出错误的判断，所以多听听别人的意见，对冷静自己的头脑非常有益。同时要加强自己的意志锻炼。许多人抵制不住诱惑的一个重要原因就是缺乏自控能力。怎样增强自己的意志力呢?

被诱惑所侵袭往往是由于自己某些不健康的心理在作怪。如果一个人具有高尚的志趣，怎么会被诱惑侵袭呢? 最好的办法就是多看一些健康书籍，从思想上武装自己。

要想成为思想高尚的人，首先要有明确的目标，知道究竟是为了什么在奋斗。目标明确就不会轻易受到各种干扰而迷失自己。

当今社会是一个纷杂的社会，三教九流无所不有，各种低级趣味的存在消磨了很多人的斗志。赌博、毒品、色情等如同鬼魅的眼睛在盯着那些意识薄弱、精神空虚又没有高尚情怀的人，一旦不小心涉足了便很难脱身。

因此，所有涉及这些低级趣味的场所一概不要进入。这些诱惑都是毒药，只能让人沉沦。只有一个具有正确的人生观、崇高的思想和丰富精神生活的人，才能有效地抵制各种不良诱惑。

抵制诱惑，还可以断绝对自己不利的坏朋友。经常看一些警钟长鸣性的电视和新闻，让自己时刻保持警惕。诱惑都是悄然而至，不会带着标志前来，所以一定要培养自己的判断力和自制力。

自制力是一种克制或节制，自我约束是一种美德，是文明战胜野蛮、理智战胜情感、智慧战胜愚昧的表现。如果我们没有自我控制的能力，就会缺乏忍耐精神，既不能管理自己，也不能驾驭别人。

2. 克服浮躁心理

以下是克服浮躁心理的具体步骤。

（1）立长志，而不是常立志。这点对于防止浮躁心理的滋生和蔓延是十分有利的。立志要扬长避短。根据自己的特点来确立目标，才会有成功的希望，千万不要赶时髦。立志不在于多，而在于“恒”。要防止“常立志而事未成”。

（2）重视行为习惯。做事情要先思考，后行动。比如出门旅行，要先决定目的地与路线；上台演讲，应先准备讲稿。在做事之前，经常问自己这样一些问题：“为什么做？怎么做？希望什么结果？”并要具体回答，写在纸上，使目的明确，言行、手段具体化。做事情要有始有终，不焦躁，不虚浮，踏踏实实做每一件事。一次做不成的事情就一点儿一点儿分开做，积少成多，聚沙成塔，累积到最后即可达到目标。

（3）有针对性地“磨炼”。可以采取一些措施，有针对性地“磨炼”自己的浮躁心理。如练习书法、学习绘画、弹琴、下棋等，有助于培养耐心和韧性。此外，还要学会调控自己的浮躁情绪。在做事时，可用语言进行自我暗示。如：“不要急，急躁会把事情办坏。”“不要这山看着那山高，这样会一事无成。”“坚持就是胜利。”只要坚持不断地进行心理上的练习，浮躁的毛病就会慢慢改掉。

（4）用榜样教育。身教重于言教。以勤奋努力、脚踏实地工作的良好形象为榜样，改善自己的言行。还可以用如革命前辈、科学家、发明家、劳动模范、文艺作品中的优秀人物以及周围同事的优良品质来对照检查自己，督促自己改掉浮躁的毛病，培养勤奋不息、坚韧不拔的优良品质。

3. 克服嫉妒心理

以下是克服嫉妒心理的具体步骤：

（1）真实客观，评价自己。客观地讲，一个人限于主客观条件的限制，不可能事事如人，时时超人。当嫉妒心理萌芽时，只要能认识到上述现实，并且对自己做一个客观地评价，就能控制自己，在自己与他人的差距中寻找解决问题的方法和提升自己的策略。

（2）心胸开阔，换位思考。心胸开阔，以诚待人，可以帮助人们摆脱一切私心杂念，当面对别人的优点和成绩时更不会产生嫉妒心理。嫉妒，往往会给被嫉妒者带来无尽的烦恼，适当的换位思考，假如自己就是那个被嫉妒者，嫉妒之心自然就会收敛不少。

（3）寻找快乐，转移注意。积极有益的活动，舒畅愉快的心情，可以使人拥有无限的快乐，这样，嫉妒之心自然就会远离。当嫉妒之心真的到来时，把注意力转移到那些快乐的事情上去，让自己“忙碌”起来，这样就不会有闲余时间去胡思乱想，扰乱心情了。

（4）欢迎超越，见贤思齐。每个人都渴望自己有所成就，但是当自己在某方面的成就不及别人时，不同的人会有不同的对待方式。平庸庸俗的人面对别人的成就只会心生嫉妒，而高尚聪明的人则能积极地接纳他人，欢迎他人超越自己。人在喜欢与接受自己的同时，还应该客观看待别人的长处，见贤思齐，这样才能化嫉妒为动力，做个高尚的人。

（5）抑制自我，宣泄自我。怀有嫉妒心理的人，其内心也是非常痛苦的，在嫉妒还没有发展到非常严重的程度时，适当的抑制和发泄是十分必要的。此时，最好找知心的亲友，痛痛快快地说个够，然后由他们进行一番开导，这样即使不能根除嫉妒，也可以将嫉妒的脚步阻止住，以免它朝更深的方向发展。

4. 学会自律

人作为一个个体，作为自我的主体，是自己的主人，也是自己的敌人，所以，除了你自己，谁也约束不了你。如果你没有自律精神，再严厉的纪律对你来讲也只是形同虚设。所以说，真正能够管住你自己的不是来自组织纪律的约束，而是源自自律精神的自我约束。如果你想变得越来越优秀，如果你想走向成功，这种自律精神是不可或缺的。自律就是管住自己、管好自己，它能使人自知，能使人学会战胜自己，能使人养成良好的行为习惯，能使人获得行动的自由，能使人高尚起来……自律表现在懂得自爱、勇于自省、善于自控。

自律通常等同于自制力，我们知道自制力是指日常生活中和工作中善于控制自己情绪和约束自己言行的一种能力。一个意志坚强的人绝对具备足够的自觉力，以调控自己的言行。所以说，自律是一种美好的素质，更是一种伟大的信仰。

行动力：激发行动潜能的实用法则

一个人的成就取决于他的行动，行动往往是成功的开始。好的机会往往稍纵即逝，犹如昙花一现。如果当时不善加利用，错过之后就后悔莫及。

每个人在自己的一生中，都有着种种憧憬、种种理想、种种计划，如果我们能够将这一切憧憬、理想与计划迅速地加以执行，那么我们在事业上的成就不知道会有多么伟大。然而，很多人在有了好的计划后，往往不去迅速执行，而是一味拖延，以致让原本充满热情的事情冷淡下去，理想逐渐消失，计划最终破灭。

从前，有两个和尚，一个很贫穷，一个很富有。穷和尚瘦骨嶙峋，连一件像样的衣服都没有；富和尚脑满肠肥，大腹便便，有很多家产。

有一天，穷和尚找到富和尚，对他说："我打算过几天到南海去一趟，你觉得怎么样啊？"

富和尚感到不可思议，不由自主地打量了一下穷和尚，用十分傲慢的语气对他说："南海是一个好地方，我很早就想去那里了，只不过到现在为止，我还没有足够的条件。你吃了上顿没下顿，想去南海岂不是异想天开吗？我问你，你凭借什么东西去南海？"

穷和尚说：“一个水瓶、一个饭钵就足够了。”

富和尚听了，笑得更欢了，指着穷和尚说：“你以为南海就在山脚下啊，只需要一顿饭的工夫就走到了？去南海来回有好几千里路，来回需要两年！再者，路上会遇到很多的艰难险阻，如果没有充足的准备，说不定你就会客死他乡。如果你想去南海的话，还是等一段时间和我一起去吧。等我准备了充足的粮食、医药、用具，再买上一条大船，找几个水手和保镖，就带着你一起去南海。你想凭着一个水瓶和一个饭钵去南海，简直就是白日做梦，我劝你还是算了吧。”

穷和尚听了富和尚的嘲笑，没有和他争辩，第二天就带着他的水瓶和饭钵踏上了去南海的路。一路上，他将这两件东西当成最重要的旅途用品，遇到有水的地方就盛上一瓶水，遇到有人家的地方就去化斋。尽管路上遇到了很多的艰难困苦，但是他始终没有放弃，一直朝着南海前进。一年之后，他终于到达了目的地。

两年后，穷和尚带着一个水瓶、一个饭钵从南海归来，不过，此时的他，已经不再是当初那个没有见过任何世面的穷和尚，而是一位阅历丰富、知识渊博的禅师了。

两个和尚之中，富和尚最有条件去南海，但是他觉得自己的资源有限，条件不足，准备不充分，就一直没有采取行动。穷和尚虽然一无所有，但是，他却能够及时地采取行动，最终到达了南海，实现了当初的愿望。

行动是一个人走向成功的阶梯，所有的成功都来自行动，只有行动才能改变自己。一个人光有远大的理想是不够的，还要付诸行动，否则理想就是空想。在理想的实现上，一旦锁定目标，就要马上行动，不断拼搏，不达目标誓不罢休。

行动是成功的必由之路。它也有自身的规律可循。罗伯特·舒勒博士是国际著名的公众演说家，他每年都要旅行各地，做700多场演讲。他旨在改变人们对自己的态度，创造积极的人生。下面是他极力推荐的行动24

个准则：

准则1：肯定——你肯定能做得到。任何困难和挫折都是纸老虎，你会成功，你能办得到。你必须肯定自我，你与别人有相等的成功机会。只要一个人能肯定自己和自己的能力，他将获得强大的精神力量。

准则2：坚信——相信在某年、某地、以某种方式，经由某些人的协助，你将实现自己的梦想。你要相信自己，机会总会来敲打你的心门。

准则3：承诺——如果你想获得成功，只有从今天起立下诺言，马上行动。当你立下誓约，你应该有迎接困难和挑战艰险的准备。

准则4：勇敢——勇敢尝试，勇敢地去做，勇于冒险，敢于承诺，鼓起勇气，全力以赴。

准则5：教育——时时进修，不断充电，切莫松懈。有才有德，必能成大器。

准则6：发掘——你要发掘你所拥有的一切内在潜能，寻找有力的措施和资助，规划行动和方针，着手准备和行动，才能获得最后的成功。

准则7：付出——成功的秘诀在于付出。真正获得成功的人，必然要不断地奋斗，必须将自己的能力推向极限，必须学会比别人付出更多。

准则8：希望——希望就是保持耐心，坚持到底，不达目的不轻言放弃，寄望未来，而不是绝望地退缩，只要心不死，你永远还有一线希望。

准则9：想象——想象你正在攀登一座巍峨壮丽的高峰，想象你正在冲过终点，真正的成功在向你挥手。

准则10：抛弃——为了轻松上阵，你必须扔掉平时装进脑海里的大量思想垃圾。你要停止自卑的思想，消除一切忧愁、焦虑，以及恐惧。

准则11：出击——击倒沮丧，抬头挺胸，击倒所有悲观的念头和消极的想法，不断地前进，前进，前进。

准则12：一笑置之——保持幽默感。必要时自嘲一番。幽默的人生使你获得无穷的乐趣，让你饱含激情面对人生。

准则13：顺其自然——应该发生的事情，终究会发生。你能为自己创造无限的机会，让该发生的都发生吧。

准则 14：协商——协商是你获得助力的关键。刚愎自用或我行我素，其实是很难达到自己的目标的。在奋斗的过程中，你必须要寻找助力。

准则 15：高瞻远瞩、克服困难——要想获得成功，必须学会合作。成功不是打工，是合作，是把积极的人组织在一起做事情。你要思想开阔，眼观六路，耳听八方，有意识地接受外界的各种启迪和帮助。

准则 16：坚韧不拔——坚持就是胜利。不怕逆境，强者必胜。坚韧不拔是行动法则中非常重要的一则。

准则 17：停止——停止抱怨，纵使人生有诸多的不如意，别忘了你今天所拥有的。失去的不会再重来，偶尔也可以去回忆，但要学会释然，一切重新开始。

准则 18：重组——如果你还未成功，赶快重新给自己定位，安排人生。假如你失败了，那就更需要重新组织。不论成功与失败，重新调整一下生命的角度。

准则 19：分享——人生的忠实帮手是那些不争先，不抢功的人，有了他们，才能共享成功、德泽广被、惠及八方。

准则 20：牺牲——有得必有失，为了真正的获得，你必须要习惯于失去。但是，得失之间，你必须仔细权衡。

准则 21：开启——开启心扉，尝试经历爱的人生。让这些人生的最高价值帮你踏上成功之路。

准则 22：描绘——要经常在心中绘出一幅理想实现的画面。每一分钟，每一秒钟都不要忘却。记住：立志做成功的人，则必能成功。

准则 23：努力工作——除了努力工作之外，没有其他的捷径，更没有任何替代品。

准则 24：永不止息——先问问自己，到底想追求什么。其次，要分析选择达成目标的方法是否可行。最后，要反省，达成目标后，是否能心安理得，快乐充实。如果到头来，发现自己的灵魂竟然如此空虚，就算赚得了全世界的钱，却迷失了自我，又有何益。

以这 24 条准则为指导，积极行动起来，就会有一个光明的前景。

交际力：社会潜能蕴含着你的好人脉

有这样一句话，没有交际能力的人，就像大海中没有帆的小舟，永远到达不了人生的彼岸。这句话虽然简单，但却富有哲理。这句话充分说明了一个道理：在生活中，无论你个人的财富多么雄厚，你的条件多么好，如果没有良好的人际关系，那么你就无法得到真正的成功，自然就不会拥有真正幸福的生活。

在21世纪的今天，无论是科技、金融、证券，还是传媒、广告、保险等各个领域，人际关系显得尤为重要。从某种意义上说，人际关系是一个人通往财富、荣誉、成功之路的门票，只有拥有了这张门票，你的专业知识才能得到最大程度的发挥。专业知识固然重要，但人脉比能力更为重要。社会交往能增加一个人的能力。一个人的接触面越广，那么他的知识、道德将会获得很大的长进。如果拒绝与人交往，那么他的一切能力就会减弱。

有很多人非常重视人际关系的组建，办起事情来也很顺利，而一些有才能之士却没有意识到这一点，他们虽然兢兢业业地做事情，却不注意建立自己的人际关系，因此总是缺少外在的助力，做起事情来常会四处碰壁，事倍功半。

唐佳大学毕业后就进入一家公司工作，她兢兢业业，非常卖力，相信凭着自己的这股干劲，一定能获得重用并步步高升。可是一年过去了，唐佳的业绩虽然好，但薪水与表现一般的同事差不多，职位也没有得到晋升。唐佳心里很不服气，于是更加拼命地工作。她认为只要自己非常优秀，总有一天上司会赏识她的才华与能力，从而给她加薪晋职，把她当作公司的骨干。

可是，又一年过去了，唐佳还是没得到晋升。相反，与她同时进公司的同事已经是一个部门的主管了，薪水也比她高。唐佳心里当然不舒服，于是向公司里唯一与她要好的同事抱怨自己的怀才不遇。可是，同事却很直接地告诉她一个令她大为震惊的原因。原来，虽然唐佳工作十分出色，但由于她恃才傲物，没把其他的同事放在眼里，平时也就缺少了对同事的尊重和关爱，与同事的关系没处好。上司虽然赏识她的才能和工作热情，但更担心如果让她做主管的话，同事们会不配合，效率不高，这样会不利于整个公司的发展，所以一直未敢重用她。

就这样，为工作尽心尽力的唐佳怎么也没想到自己竟然是因为忽略了人际关系，而一直未受到重视与晋升。

可见，人际关系对于一个人的成功是起着重大作用的。那么，我们如何来组建自己的人际关系网络呢？

1. 人脉需要常维护

建立好人脉网络仅仅是万里长征走完了第一步，你还要细致地维护你的人脉网络，才不会使其流失。因为你的人脉网络可能对你的一生都起到至关重要的作用，所以人脉网络要花一生的时间去经营与维护。

在生活中，有些人只擅长建立人脉，但不擅长去维护。如果一直这样下去，刚刚建立起的人际关系将不复存在。这是非常可惜的。要想维护人脉，我们最应该学习的就是蜘蛛。在蜘蛛看来，自己的网是生存的工具，如果没有了网，它将必死无疑。而如果你能够意识到人脉是“生死攸关”的大事，相信你会想尽办法来维护自己已经建立起来的人脉关系了。

俗话说“得道多助，失道寡助”。凡是能够做到诚实守信的人一般都能获得他人的尊重和友谊。反之，如果总是想贪小便宜，失信于人，必然会给自己招来麻烦，严重的话还会毁掉自己的名声。然而名声却远远比物质重要。因此，如果你失信于朋友，必然如同丢西瓜捡芝麻。

2. 学会诚信

诚信是人际交往的需要。一个人的能力无论有多强、多全面，他也不能离群索居，而是要依托于各种社会关系，也要进入各种人的关系。在社会交往中，只有诚信，才能与他人建立良好的交际关系，才能获得社会关系为人们带来的种种便利和好处。

诚信是一种高尚的品德。拥有这种品德的人一般都能努力拼搏，懂得为自己的发展积累各种有益的东西。而这里面不仅包括知识、能力、人脉，也包括品德等。而诚信是必不可少的。

我国古代文人，历来都很重视道德的培养，做人与做学问并重。同样，现在的教育方针也是德、智、体、美、劳全面发展，以培养“四有”新人为目标。诚信是道德培养的基本内容，假如一个人一生恪守诚实守信的道德规范，那么他就会得到越来越多人的信任，得到更多肯定的、积极的回报，个人的声誉也会不断地增长。其事业也是越做越好，越做越顺利。

诚信是人对评价的需要，人际交往中也需要这种正面的评价。讲诚信的人能给人一种心理上的安全感，从而使得对方更加相信自己，交往起来也就更加顺利，而当你破坏了诚信的时候，在对方的心目中，你的一切正面形象很快就会消失殆尽。

3. 以方做事，以圆做人

古埃及阿克图国王在一次酒宴中对他的儿子说：“圆滑一点儿，它可使你予求予取。”

在处世交际中，方得有棱有角，容易磨损，甚至是头破血流，株连九族，代价不菲。因此，在守方的基础上，圆滑一点儿，没错。方圆的本质是要在平和的基础上，做到坚持原则，知变圆通。

真正的“方圆”之人是大智慧与大容忍的结合体，这样的人既不乏刚烈勇猛，亦有沉静与智慧。真正的“方圆”之人能对大喜悦与大悲哀之事泰然不惊。真正的“方圆”之人，行动时干练、迅速，不为感情所左右；退避时，能审时度势，全身而退，而且能抓住最佳机会东山再起。真正的“方圆”之人，没有失败，只有隐忍，且是面对挫折与逆境时为了积蓄力量东山再起的隐忍。

4. 改掉背后论人长短的坏毛病

俗话说，“金无足赤，人无完人”。世界上的任何人都是有缺点的。当自己的朋友有一些缺点或者毛病的时候，你应该做的是抱持友善的态度，从实际出发，诚恳地给他提出来，而不是在背后指指点点、说三道四。例如，有些问题适合在公共场合说的，那可以有保留地说一下，而适合在私底下说的，就私下谈。如果实在无法用这种方式解决，那就向上级反映，让上级来解决。无论何时，任何人都应该做到从实际出发，实事求是，而不是过分夸张，更不能借机泄私愤。如果公报私仇，只能显出你是一个毫无气量的人，没有人愿意与你交往。

时刻记住：你在背后论人长短的时候，别人会在你背后议论你是一个喜欢论人长短的人。不仅被你议论的人会和你反目，你身边的人也会因为你的挑剔、刻薄而远离你。

学习力：学习力决定竞争力

因为科技进步与经济增长，这个世界的整体水平都在快速地提升，在这样的背景下，所有的事物都在以它前所未有的速度更新换代，竞争的激烈性也在明显地趋于激烈。一个人要想跟上这样的时代步伐就不应该坚守原来的速度，亦步亦趋地被动追赶，而应该变化方式，主动学习所有先进的东西为我所用，并且能够在最短的时间内学到最具竞争力的知识。这样，你才能够比他人花更少的精力却比他人早一步成功。

世界上所有成功的理由都是比他人做得更好，更善于在所有的“事情”当中学习成功的经验。在你的成长过程中，每经历一件事情，都给你提供了一次极好的学习机会。如果你是一名员工，你所做的每一件事，都是在工作中的一种学习，如果你能够看清这样的机会，并充分利用这些机会，你所学得的知识与技能必然有所增加，你的竞争力也会随着增加。反之，你就会在日益激烈的竞争中失去优势。

何敏是一家国企的小职员，老实本分，上班来、下班走，工作干得和其他人一样，没有突出贡献，也没有拉大家后腿，但是，某一天却被通知下岗待业。一向文静的她不知道自己究竟得罪了谁，于是，鼓起勇气去问领导自己又没犯错误为什么要被列入下岗之列，领导的答复是，“没犯错误”不是留职的充分条件。在“没犯错误”的基础上还有“表现良好”，在“表现良好”的基础上还有“表现出色”……社会选择的是足够优秀的人，而“不犯错误”的标准太低了，既然有更好的，那么谁愿意放弃黄金而取粗沙呢？社会的竞争说到底不是在选择比较优秀的人，而是在选择最优秀的人。所以，一个不愿意学习的人就不会有任何竞争力，也终会被淘汰。

当你拥有优秀的学习力时，你就有了足够的竞争力。但是，目前企业发展的要求与学校里所学知识之间的差距很大，大学里大多只重视基础理论的学习。所以，你一旦进入一个新的工作环境，就应该在这样的环境中继续学习，拓展自己的学习力，增加自己的竞争力。通过各种层次、各种类型的培训来提高自己的理论和技术素质，以适应工作岗位职责的需要，使自己做得更好，这样你不仅能为企业作出应有的贡献，而且也会实现自己的职业发展目标。

在企业中，每一个员工都必须重新学习在自己承担的职务范围内应该具备的与固有专业能力相关的基础知识。好员工会注重学习能力的培训，他们强调学习的重要性，注意提升自己的能力，通过有效的学习交流，激发自我创新意识以适应社会的需求。

张海云毕业后有幸进入我国一家有名的大型企业，经过了层层筛选之后，她是最后一名被录用者，她知道自己的实力与其他新入公司的员工有差距，于是，她主动了解公司的宗旨、企业文化、政策及公司各部门的职能和运作方式，并且积极参加各种技能和商业知识培训。公司内部有许多关于管理技能和商业知识的培训课程，如提高管理水平和沟通技巧、领导技能的培训等，她结合自己个人发展的需要选择了自己要学的专业课程，很快就学到了很多知识，成为一个内行的员工。再加上公司委派了一名经验丰富的经理对她悉心指导和培训，她很快就成了所在部门的工作能手，不久便被提拔为部门主管。和她一起去的新人私下颇有微词，认为她背后耍小聪明，上级领导知道这个情况之后决定在公司内部搞一个专业能力大比拼，所有员工都要参加。比赛的结果是，张海云无论在哪一项的比拼中都名列第一，公司的所有人都对她刮目相看。从那之后，她一路高歌，一直坐到总经理的位置上。如今的她虽然是一个女流之辈，但是，在商界，她声名显赫，没有人敢对她的能力存有任何疑虑。在一次采访中，一名记者问她这些年她感受最深的是什么，她回答说，学习力就是竞争力。

一个想要出人头地的人，在任何环境中都应该学会培养自己的学习力，增加自己竞争的砝码。当然，在学习之前，要先弄明白自己究竟要学什么，同时要搞清楚自己会从中获得什么收益，只有有的放矢，才能使自己的学习更有针对性，得到更大的益处。

从现实的、物质的意义上来讲，提高学习力，就是提高自己将知识资源转化为知识资本的能力，这无论对于做企业，还是做好个人都有极其重要的意义。我们该如何提高学习力？以下三点建议仅供参考：

1. 提高学习动力

如果你是一个学生，请你问问自己，你学习的动力是什么？如果没有人管我，你还会不会学习？

如果你是一个员工，请你问问自己，你工作的动力是什么？如果没有上司的督促，没有同事的陪伴，你还会不会学习？你还会不会提升自己？

2. 提高学习毅力

提高学习毅力，需要我们做一个看起来不那么具体的计划。比如，你要看一本书，你就规定自己一天看多少页，在哪个时间段要完成，同时设定一个奖励，完成任务的时候奖励自己，这样，你就可以更大程度的静下心来完成自己的任务，而在这个过程中，你不知不觉地提升了自己的学习毅力。有一种理论叫作“21 天习惯养成”，在每一个 21 天里，你兢兢业业，坚持下来，你就提升了学习毅力。

3. 提高学习能力

学习能力，指的是一个人面对新事物而学习乃至掌握的能力。进入社会，你会发现学习能力的差别造就了人与人之间的差别。想要提高学习能力，就要多实践，多动脑，多读书，其中，实践是很重要的一环。

抗挫力：在逆境中激发潜能

“挫折感”，从字面上就可以看出，挫折是一种感觉，是一种主观的心理现象，所以，挫折不是客观存在的事实。

许多青年朋友不这么看，他们说挫折是一种不可改变的事实，是客观存在的。在这里他们把挫折和逆境的概念混淆了。

逆境是事实。没有考上理想的大学，没有赶上预定的班车，没有找到心仪的朋友，考某一部门公务员没有被录用……这些都是逆境，是事实。但是这种不顺利的事实会不会在你的心里形成挫折感，或者形成的挫折感严重还是不严重却是一种主观心理现象。

为了说明挫折是感觉，不是事实，我们先了解感觉和事实的定义。感觉，从定义上说，是客观事物的个别特性在人脑中引起的反应。事实是指事情的真实情况，是客观存在的，不以人的意志为转移的。

挫折感符合感觉的一般规律，我们研究挫折，就是要从感觉的角度去分析人的不同的认识过程和认识态度，就是要调整感觉的渠道，去努力消除缠绕在许多青年心头的挫折感，使大家能够甩掉包袱，轻装上阵。

对于同一件事你的目标没有实现，感觉到失败、不顺利，就是有了挫折感。如果你心态和做法调整得好，心情就好，也就没有了挫折感。

挫折感是一种心理现象，如果你采取主动积极的措施，就可以避免和消除；如果你抱着消极颓废的态度，就可能产生和加重这一现象。

所以，挫折，是一种感觉，不是一种事实。

一般来说，造成人生挫折的原因大致有两种：一种是外界客观因素，这种外部因素可以是机会、人脉、权力、自然界的力量等无法预料和支配的因素。另一种是内在主观因素。这种内在因素可以是本身的特长和技能以及自己的奋斗程度等。我们要正确对待挫折，就是要对造成挫折的原因进行客观的认识和分析，弄清挫折的原因到底是外部的还是内部的，或是内外两种因素共同作用而发生的。正确的分析和归因，是对付和解决挫折情境的先决条件。只有以积极的态度去冷静地分析遭受挫折的主、客观原因，及时找出失败的症结所在，才能从每个人的实际条件出发，用切实的行动去改变现状。

如何来正确认识挫折和增强自己的抗挫能力呢？不妨采用以下手段。

1. 认识到挫折是不可避免的

人类的文明，就是在不断的挫折与失败中获得进步的。我们必须对人生道路上的曲折和困难有充分的认识和思想准备。绝对笔直而又平坦的人生路是不存在的。因为事物的发展是螺旋式或波浪式的发展过程。所以，人生道路的延伸也是直线和曲线的辩证统一。当你在遇到挫折时，不要灰心丧气、怨天尤人，也不应因一时的受挫而轻言放弃，应从心灵上确认自己能行，自己给自己鼓劲，正所谓阳光总在风雨后。只要有心理准备，你就不会为一点困难而退缩。

2. 积极地应对挫折

世界上的一切事物都是在不断变化和发展着的，都具有两重性。挫折对人有积极与消极两重性。以积极而言，挫折能激发人们内在的潜能，增强其坚韧不拔的个性和解决问题的能力；以消极而言，挫折会产生一种畏缩的心理，使得人们不敢去面对残酷的现实。如果一个人整天一副患得患失、忧心忡忡的模样，那么空想和沮丧就会侵入他的思想，使其产生自卑的心理。

一个人在受到挫折时，内心情绪会发生很大的变化，如果不知道如何去调整自己的情绪，不懂得赶走因挫折给人带来的消极影响，只会导致更大的失败。挫折既然已经发生，那就应当面对它，寻找解决的办法，努力使自己的行为合理化，以避免精神上遭受痛苦。

3. 自我调节，释放能量

当遇到困难和挫折时，不能一味地自我责备，而应该不急躁、不消沉。学会自我安慰、自我暗示、自我激励，以此来赶走消极思想、宣泄不良情绪。当遇到挫折时，可以和好友谈心，把压抑的情绪统统释放出来，并积极地寻找应对措施。如果已经过去，就应当丢开它，不要总是把它保存在记忆库中。痛苦的感受犹如泥泞沼泽地，你越是不能从中解脱，它就越可能把你陷住，使你越陷越深，直至不能自拔。

总之，大千世界，变幻无常，发生不如意的事情那是常数，可挫折也是一个变数。只要坚持不懈地努力做生活的强者，将挫折的障碍石化为成功的垫脚石，将挫折的阻力化为成功的动力，调整自己的情绪，理智地分析出现问题的根源，就能够战胜挫折，扭转心境。只有正确地认识自己，运用全面的、发展的眼光看自己，对未来充满自信，就能释放出巨大的精神动力。

直觉力：开启直觉潜能的秘诀

阿尔伯特·爱因斯坦曾经说过：“真正有价值的东西就是直觉。”当你在思考某个问题的时候，你的头脑里突然有一个清晰而明确的想法，明确一件事情是正确的或是错误的。但是，当你仔细考虑这个想法时，却无法从逻辑上解释它由何而来，也无法解释它出现的原因。这就是所谓的直觉。直觉从某种程度上讲，也是经验积累的结果。

直觉是人们对于事物或问题的不经过反复和深入思考的一种直接洞察。它并不是由你的感官作出的判断，而是一种不同于逻辑推理和其他思维形式的思维。就好比那些觉得一个英文句子有问题的人，不一定学过英语语法，但是他的判断却可能是对的。他当然无法告诉你为什么有问题，他多半会说："我感觉上是这样。"

不过在当今崇尚理性的时代，很多人根本不相信自己的直觉——除了那些尝过甜头的人。

现代的科学研究已经让我们对直觉有了更多的认识。大多数科学家已经承认，虽然直觉很神秘，但它是人类另一个认知系统，是和逻辑推理并行的一种能力。如果我们能够把直觉引入到有意识的思考当中，与一般的思考形式相结合，那么就会像汽车打开了左右两个大灯一样，同时照亮认识和创造之路。

以下就是培养和呵护直觉力的一些方法。

1. 增长知识，开阔视野

知识是直觉思维的基础。如果头脑中根本无知识单元，怎能运用逻辑思维将头脑中某些知识储备单元巧妙地结合起来呢？直觉首先是通过思维对事物本质进行把握，进而能产生概念或多种判断。如果对所研究的对象所知甚少或者一无所知，要通过直觉把握该事物的本质那是不太可能的。知识面越广，就越能触类旁通，通过联想、想象等诱发直觉的产生。

2. 培养和锻炼思维的穿透力

直觉是用思维直接觉察事物，它深入事物的内部，涉及事物的本质，形成关于事物的理性认识，因此思维的穿透能力是直觉能力强弱的一个重要标志。人们生活在浩瀚无边的客观世界之中，事物之多，使人应接不暇。所以，为了培养和提高自己思维的穿透力，就要集中自己的注意力来研究事物，其锋芒所在，穿透力就强，从而越容易认清事物的内部本质。

3. 有张有弛

直觉有时出现在自觉思考中，但更多的是由潜意识在思考之余突然闪现。当人经过长时间的思考之后，还是一筹莫展之时，最好放下思考的问题。在睡梦中，在散步时，在听音乐时，在与人闲聊时，闪烁创新火花的直觉和突如其来的灵感，使人获得“曲径通幽处，禅房花木深”“山重水复疑无路，柳暗花明又一村”的体验。

4. 保持敏锐的察觉力

直觉思维带有一定的模糊性和不确定性，如果认识上缺乏必要的察觉力，含义上不十分清楚的直觉有时会被忽视掉。直觉开发专家萝珊娜芙提出一个“三定律”来教人辨认直觉。“当一个想法出现的时候，让它走。当它再出现的时候，再让它走，假如它第三次再回来，就可以放心地听从这个感觉。”

5. 记下各种想法

直觉思维（尤以灵感为甚）常常转瞬即逝，需要马上记下来，哪怕某些想法显得荒诞或者不现实，也要通过简短的笔记或长期的日记将其记录。这样可以帮助自己了解曾经有过什么样的感动或灵感，长期的记录甚至可以连成一个具体的结果。达・芬奇是个勤于做笔记的人，他随时写下他所看到的、想到的东西，许多创作就是源于这些一点一滴积累起来的笔记。

6. 放松独处

不管是独自漫步、独自开车、休息或沐浴，都是体察内心深处、找回直觉的大好机会。只有在放松、舒适、闲暇的环境中，内心才会顿悟和明朗，找出灵感或妙计来办事情，解决问题。

7. 平静心灵

当我们心里充满杂念或忧虑的时候，我们的注意力无法集中。一方面听不到心里的声音，另一方面也没办法接收外在的信息。我们有必要经常暂停自己在这个世界上的活动，聆听自己的内心，用自己的直觉检查当时的情形。这个过程是通过内心的修炼来培养的，如禅宗的冥想，它就提供了一个通过静坐及观察身体、思想和呼吸，从而从活跃的分析过程进入一种冥想状态的机会、恢复平静的状态，回想一下常识。有时则要打破一般的习惯行为流程，为思索新事物创造空间。

潜能开发实操

练习1：口才练习

与呼吸紧密相连的是声音，而声音也是来自人的内心深处。不论是呼吸还是声音，你都要认识到这两者在心灵里扮演什么样的角色。你的声音不仅对于表述出你的潜意识非常重要，同时也是能显示你个人的性格特点的决定性因素。所以，在接下来的文章中就要着重讲述一下声音。你的声音一定要有声有音，否则就会干瘪无力。所以你要学着总结自己的声音特点，认识并热爱自己的声音。我们在日常生活中办很多事情时，能否成功都和声音息息相关：说服其他人，鼓舞、激励别人，表达出自己的情感等。不知道你有没有注意到，一个演讲家触动你的往往不是他的演讲内容，而是他的语音语调？

一个人的声音是充满了气势和力量，还是软弱无力，取决于我们的肺活量大小。要知道，改变声音，就要改变一个人性格的核心部分。

请你按照我接下来要讲述到的心理学声音训练法来改善你的声音，唤醒你的活力并增加你的魅力。

请你想象着自己面前有一面大镜子。

1. 汲取能量

呼气，然后吸气，现在开始大声地、清晰地念出每一个元音字母，直到你的气息用尽。我们先从“I”开始，因为这个字母发音时音频最大。你可以将手放到额头上感受它的频率。如果头部颤动，说明头部皮肤供血充足，意味着这一片的皮肤有更多的能量。当你发“E”的音时，将手放至脖子上，感受脖子处的颤动。

“A”的发音能够让能量集中到胸部。

“O”和“U”分别能够带来上腹部和下肢的颤动。每当你发不同的音时，你都可以把手放在相应的位置上，感受那里的颤动。

请你吸气，然后一口气说出下面的字母组合：

IIIIII

然后是：

EEEEEEE

AAAAAAA

——你有没有将嘴巴张到最大，或者什么声音都没有发出？一定要张大嘴巴喊出声来！来，继续：

OOOOOOO

UUUUUUU

（你是不是想让自己的声音更“低”一些？那就每天多说一些“UUUUUUU”吧。）

2. 唤醒胸部和腹部的活力

现在我们想唤醒胸部和腹部的活力，那么就需要闭着双唇发出“MMMMMMM”的声音，直到用尽一口气。我们可以练习三次，逐次增加发声的力度。第三次要用尽全身的力气发声。此时的声音应该就像车来车往的马路上此起彼伏的汽车鸣笛声。此时的腹部会颤动不止。

3. 发出“R”的声音（译者注：此字母在德语中为小舌音。）

这对于巴伐利亚人来说丝毫不在话下，他们总能轻而易举地发出小舌音“R”。如果德语中没有“R”的话，语言听起来就会软弱无力。这也是我们改善自己声音的目的所在——让语言更具有力量。卷起你的舌尖，顶住上颚，然后向外送气。当然，这么做之前你得练过如何正确呼吸。你一直发出“R”的声音，直到气息耗尽。这个练习也要重复3次。

然后你可以大声地说出下面带有“R”的单词，并把音调读得夸张一些：

RRRRRRaffen

RRRRRRRollen

RRRRRRReisen

RRRRRRufen

MeiSteRRRRRR

KleiSteRRRRRR

BieRRRRRRR

WiRRRRRRR

VeKKKKKKWlRRRRRRen

IRRRRRRRRRen

MuRRRRRRen

你可以根据自己的兴趣爱好，选择喜欢的单词。

4. 人猿泰山式练习

深吸一口气，大呼一口气，然后握紧拳头敲打胸口位置。同时再次大声说出字母“I、E、A、O、U”，每次都是一口气说完一个字母，然后模仿人猿泰山的捶胸动作。这种练习能够让你浑身充满力量，让你的身体就像一个刚充满电的电池一样。随之而来的是，你浑身充满了能够抵抗各种疾病的能量。你会发现，你开始轻咳，或者是大声咳嗽。这点很好，因为如此一来你便清除了支气管里的杂物。

注意：这个练习最好在早上做，如果你在晚上做，可能会让你兴奋得睡不着。

声音训练能够帮助你往自己的话语中添加表达的力量，让你的话听起来更有说服力，让人印象更加深刻。

练习2：嗅觉练习

下面的练习会使你的嗅觉得到培养，更重要的是，它们会为你培养出一种令人感到惊奇的注意力。而从更深层次的意义上讲，就是意志的力量，这也是我们最终的追求所在。

下面是训练嗅觉的方法：

(1) 摘一朵芬芳的花朵，仔细闻它的气味。在房间里行走一会儿，远离花朵。这时回忆其气味是什么样的，有多强。摘取一种不同香味的花朵来重复这一练习。

务必注意让鼻孔有充分的休息，否则对气味的感觉就会混淆在一起。每天进行一次这样的练习，至少10天，其间休息两天。最好能坚持下去，直到你确定无疑地注意到嗅觉敏锐性提高了，大脑描绘嗅觉或气味的能力也增强了。在第10天的时候，看看你所取得的进步。

在上面及下面将要提及的练习中，强有力的意志必须与你形影不离，使你的精神集中在鼻子上。

(2) 你可以摘两种不同的花朵。先闻其中一朵花的香味，再闻另一朵。这时努力地回忆前一种香味，然后再回忆后一种花的香味。最后试着对两种花的香味进行比较，注意两者的区别。

每天重复这一练习，坚持10天，在第10天时注意嗅觉有所改善的情况。

(3) 保持端正的坐姿，缓缓地吸气，试着去一一指出所觉察到的所有气味。真的有这种气味吗？它从哪来的？让你的朋友在房间里藏一些有香味的物体，可以是一些桃子或是一瓶打开的香水。最好你是在另外一个房间里，这样你就不知道所藏的东西及其位置了。

进入房间，然后努力依靠嗅觉来找出这一物体。注意：必须把所有其他气味浓烈的物体清除出这一房间。

每天练习坚持10天，在第10天时，注意嗅觉有没有改善。

(4) 需要其他人帮助完成这个训练。你可以让你的一个朋友拿着一个带有香味的物体，然而这个物体你不知道是什么，并且它与你有一段距离，然后，你的朋友双手紧握住这个物体，慢慢地向你靠近，直到你能闻到这个香味为止。测量一下你能够通过嗅觉觉察到这个物体时的距离有多远。最后你说出这种气味，并猜测这个物体是什么。

使用不同的具有不同香味的物体来反复进行这个练习，当然也可以时而休息一会儿。结果你会发现，这些香味被觉察出来的距离不同，有些香味相对于其他的香味被觉察出来的距离更短。那是由于香味的浓烈程度不同造成的，还是由于香味本身的特性导致的？每天重复这一练习，坚持10天，其间休息两天，在第10天时，注意嗅觉有所改善的情况。

德国思想家洪堡通过观察指出，一位秘鲁籍的印度人能够在漆黑的夜里辨认出距离他自己很远的陌生人是印度人、欧洲人，还是黑人。撒哈拉沙漠的阿拉伯人可以通过嗅觉来辨别出40里外的火堆。

(5) 在生活中，试着去想象花园、田野或森林中那令人陶醉的香味。比如，新割的草——惠蒂埃的诗；刚翻过的土地——世界上富裕的生活；花朵——大地上美丽的景色。这种习惯将为你打开新世界的大门，提升你的注意力，并且逐步提高你的意志。